監修
一般社団法人日本ビール文化研究会
一般社団法人日本ビアジャーナリスト協会

ビールの図鑑 ミニ

JN190946

マイナビ

PART 2

ビールの基礎知識と楽しみ方

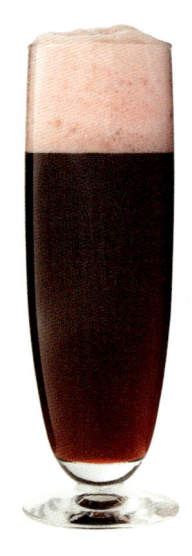

国別ビールインデックス

🇩🇪 ドイツ

 p.30
シュパーテン
ミュンヘナーヘル

 p.32
シュパーテン
オクトーバー
フェストビア

 p.33
ビットブルガー
プレミアム
ピルス

 p.34
ホフブロイ・
ミュンヘン
オリジナルラガー

 p.36
ヴェルテンブルガー
バロック
デュンケル

 p.38
エク28

 p.40
フレンスブルガー
ピルスナー

 p.42
パウラナー
サルバトール

 p.44
シュナイダー
ヴァイセ
TAP7
オリジナル

 p.45
シュナイダー
ヴァイセ
アヴェンティヌス
アイスボック

 p.46
アインベッカー
マイウルボック

 p.48
ケストリッツァー
シュバルツビア

 p.50
シュレンケルラ
ラオホビア
メルツェン

 p.52
ヴァイエンシュテ
ファン
クリスタル
ヴァイスビア

 p.54
フランツィスカーナー
ヘーフェヴァイス
ビア

 p.55
エルディンガー
ヴァイスビア

 p.56
フリュー　ケルシュ

  p.57
ガッフェル・
ケルシュ

 **ベルギー**

 p.58
ツム・ユーリゲ
ユーリゲ アルト
クラシック

 p.68
ヒューガルデン
ホワイト

 p.70
サン・フーヤン
トリプル

 p.72
デュベル・
モルトガット
デュベル

  p.74
セント・
ベルナルデュス
アプト12

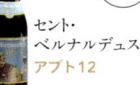 p.75
ヒューグ
デリリウム・
トレメンス

 オルヴァル **p.76**

 ロシュフォール **10** **p.78**

 ウェストマール **トリプル** **p.79**

 シメイ **ブルー** **p.80**

 デュポン **セゾンデュポン** **p.82**

 カンティヨン **グース** **p.84**

 ドゥ・ハルヴ・マーン **ブルッグス ゾット・ブロンド** **p.86**

 ボーレンス **ビーケン** **p.88**

 ボステールス **デウス** **p.90**

 ブーン **フランボワーズ** **p.92**

リンデマンス **カシス** **p.93**

 ヘット・アンケル **グーデン・カロルス・クラシック** **p.94**

 p.96
ヴァン・デン・
ボッシュ
ブファロ・ベル
ジャン スタウト

 p.97
ルロワ
ポペリンフス
ホメルビール

 p.98
デ カム
オード グーズ

 p.99
ヴェルハーゲ
ドゥシャス・デ・
ブルゴーニュ

 p.100
ローデンバッハ
クラシック

🇬🇧 イギリス

 p.110
フラーズ
ロンドン プライド

 p.112
フラーズ
ロンドン ポーター

 p.113
フラーズ
ESB

 p.114
サミエルスミス
オーガニック
ペールエール

 p.116
ベルヘブン
セントアンド
リュースエール

 p.118
ニューキャッスル・
ブラウンエール

 p.120
シェパードニーム
スピットファイアー

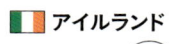

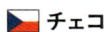

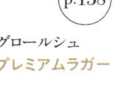
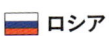

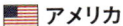

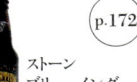

p.174

コナ・
ブリューイング
**ファイヤーロック
ペールエール**

p.176

エピック・
ブリューイング
**スモーク＆
オーク**

p.178

ボストンビア
**サミュエルアダムス・
ボストンラガー**

p.180

ラグニタス
IPA

p.182

ローグエールズ
**デッド・ガイ・
エール**

p.184

スカブリューイング
**モダス
ホッペランディ
IPA**

p.186

ビクトリー
ブリューイング
プリマピルス

p.188

アンハイザー・
ブッシュ
バドワイザー

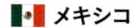 **メキシコ**

p.190

セルベセリア・
モデロ
**コロナ・
エキストラ**

p.192

セルベセリア・
モデロ
ネグラモデロ

 中国

p.196

チンタオ
青島ビール

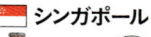 **シンガポール**

p.198

タイガー
ラガービール

 ## スリランカ

p.200

ライオン
スタウト

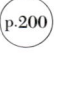 ## インドネシア

p.202

ビンタン

 ## フィリピン

p.204

サンミゲール
スタイニー

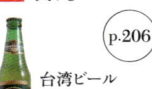 ## 台湾

p.206

台湾ビール
金牌

 ## ベトナム

p.207

サイゴン
エクスポート

 ## 日本

p.210

キリン

p.212

アサヒ

p.214

サッポロ

p.216

エビス

 p.218

サントリー

 p.220

オリオン

意外に知らない⁉
ビールの常識

世界中を見渡せば、ビールの種類は多種多様にあります。
黄金色のものから真っ黒のもの。
アルコール度数が2％程度のものから
10％以上のものだってビールです。
多彩で楽しい、ビールの世界を紹介します。

そもそもビールってどんなお酒?

ビールは麦酒と書かれるように、麦を原料とした醸造酒で、
ほかの原料としてはホップ、水、酵母があります。
(その他の副原料が入ることもある)

　ビールの主な原料は、麦、ホップ、水、酵母。これらの組み合わせと分量によって、ビールはできあがります。しかし、同じ麦芽と同じ水と同じホップを使ったとしても、酵母が変わればまったく違った香りと味わいのビールに仕上がります。同じように、酵母、水、ホップが同じでも、麦芽が違えば、色も香りも変わります。
　スパイスやフルーツ、コーヒー、チョコレートなどを使うことによっても、個性的でユニークな味わいがつくられます。

麦

主に大麦。ほかに小麦、オート麦、ライ麦なども。ほとんどの場合、モルト（麦芽：麦に水を与え発芽を促したのち乾燥させたもの）として使用します。

水

ペールエールやダークラガーなど色の濃い味わい深いビールには硬水、ピルスナーなど色の薄いシャープなビールには軟水が適しています。

ホップ

アサ科のつる性多年草。松かさ状の「球花」（きゅうか）と呼ばれる房をつけています。苦みと香り、泡もちのよさ、防腐効果などの作用があります。

酵母
（イースト）

直径5～10マイクロメートルの微生物。糖をアルコールと二酸化炭素などに変えます。上面発酵酵母、下面発酵酵母、自然発酵ビールをつくる野生酵母も。

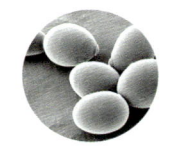

スタイルを知れば
ビールはもっと楽しくなる

ビールを正しく、賢く知るためには、
「スタイル」を知ることが一番です。
スタイルとはなにか知っておきましょう。

世界には100種以上!
ビールのスタイルとは?

　日本では、ビールの種類をよく黒ビールタイプなどと"タイプ"という言葉で表しますが、世界的には"スタイル"と呼ぶのが一般的です。

　このスタイルは、まず大きく「エール（上面発酵ビール）」と「ラガー（下面発酵ビール）」と「自然発酵ビール」の3つに分けることができます。さらに発祥国や色、アルコール度数、苦み、香りなどにより、細かく分類されます。

　主にドイツやチェコ、ベルギー、イギリスから始まったスタイルは、各地に広まり、その土地のよさを取り入れながら新しいスタイルへと進化していきました。なかでも、アメリカでは近年のクラフトビール人気の流れを受けて、数多くの「アメリカンスタイル」が生まれています。

　その他、野生酵母でつくる「自然発酵」や、「ハイブリッド」など、上面でも下面でもかまわないスタイルも存在します。

ドイツ GERMANY

p.26

主流はラガー。地域性に富んだスタイルが揃う。

エール（上面発酵）

▶ ケルシュ

▶ アルト

▶ ヴァイツェン/ヴァイス（ヘーフェ・ヴァイス、クリスタル・ヴァイス、デュンケル・ヴァイス）

ラガー（下面発酵）

▶ ヘレス

▶ ジャーマン・ピルスナー

▶ デュンケル

▶ オクトーバーフェストビア

▶ シュバルツ

▶ ボック（ドッペルボック、アイスボック、マイボック）

▶ ラオホ

▶ ドルトムンダー

ベルギー BELGIUM

p.64

ハーブやスパイスを使用したスタイルが多い。

エール（上面発酵）

▶ ベルジャンスタイル・ホワイトエール

▶ ベルジャンスタイル・ペールエール

▶ ベルジャンスタイル・ペールストロングエール

▶ ベルジャンスタイル・ダークストロングエール

▶ セゾン

▶ スペシャル・ビール

▶ フランダース・レッドエール

▶ フランダース・ブラウンエール

▶ ダブル

▶ トリプル

▶ アビィ ビール

自然発酵

▶ ランビック

イギリス THE UNITED KINGDOM　　p.106

華やかな香りが特徴の、エールビールが中心。

エール（上面発酵）

▶ イングリッシュスタイル・ペールエール

▶ イングリッシュスタイル・ブラウンエール

▶ イングリッシュスタイル・インディアペールエール

▶ ESB

▶ イングリッシュ・ビター

▶ ポーター

▶ スコッチエール

▶ インペリアルスタウト

▶ スコティッシュエール

▶ バーレイワイン

アイルランド IRELAND　　p.108

コク深く、苦みのあるスタウトが人気。

エール（上面発酵）

▶ アイリッシュスタイル・ドライスタウト

▶ アイリッシュスタイル・レッドエール

ヨーロッパ全域 EURORE　　p.137

人気のピルスナーを世界に発信。

ラガー（下面発酵）

▶ インターナショナル・ピルスナー

チェコ THE CZECH REPUBLIC　　p.136

ピルスナー発祥の地。ピルスナーやダークラガーが中心。

ラガー（下面発酵）

▶ ボヘミアン・ピルスナー

🟥 オーストリア AUSTLIA p.136

ドイツの影響が強く、ピルスナーやヴァイツェンが多い。

ラガー（下面発酵）
▶ ウィンナースタイル／ヴィエナスタイル

🇺🇸 アメリカ THE UNITED STATES OF AMERICA p.166

人気はアメリカンラガー。クラフトビールも急成長。

エール（上面発酵）
▶ アメリカンスタイル・ペール
　エール
▶ アメリカンスタイル・インディ
　アペールエール
▶ インペリアル・インディアペー
　ルエール

ラガー（下面発酵）
▶ アメリカンラガー（ライトラ
　ガー、アンバーラガー）
▶ カリフォルニアコモンビール
　（スチームビール）

発祥不明 THE BIRTHPLACE IS UNKNOWN p.167

昔ながらのハーブをリバイバルしたスタイル。

▶ コーヒーフレーバービール
▶ チョコレートビール
▶ ハーブ／スパイスビール
▶ 木樽熟成ビール

ビールを表現するためには、テイスティング用語を知っておく
必要があります。まずは覚えておきたいワードを紹介します。

基本用語

アロマ
飲む前に鼻から感じる香り。

フレーバー
口に含んだ際に感じる香りや味わい、バランス、後口など。香味ともいう。

外観
色、透明感、泡立ち、泡もちなど、グラスに注いだ状態を表現。

ボディ
のどを通り越す抵抗感。さらりと飲みこめるものはライト、どっしりと重
く通りすぎるものはフル、中間をミディアムと表現。

アロマとフレーバーを表すための用語

カラメル
砂糖を焦がしたこうば
しい香り。

トースト香
パンを焼きあげたとき
に感じる香り。

スモーク香
燻製や煙、たき火を思
わせる香り。

エステル
フルーティーな香り。

フェノーリック
クローブを連想するス
パイシーな香り。

ダイアセチル
バタースコッチ、バ
ターの香り。

DMS
コーン缶を開けたとき
に感じる香り。

日光臭 (スカンキー)
ネコのおしっこや獣臭
に近い不快な香り。

外観を表すための
用語

ヘッドリテンション

ヘッドはグラスに注い
だときの泡をさす。ヘッ
ドリテンションは泡も
ちのよさ。

低温白濁 (チルヘイズ)

低温時にビールが濁
る現象。タンパク質な
どが原因。

ビールの図鑑ミニ

KNOWLEDGE OF BEER MINI

PART 1

世界の
ビールを
知ろう

ビールの世界は広大です。
まずは、世界のビールには
どんなものがあるか
各国の選りすぐりを紹介します。

ドイツ

GERMANY

日本人になじみ深い
ラガー発祥の地
法律に守られた
純粋なビールが魅力

　現在の日本でもっともポピュラーなスタイルである低温長期熟成のラガーは、15世紀ごろ南ドイツで誕生したビールです。黄金色でさわやかなのどごしのラガービールは、人々を魅了。18世紀に発明された冷蔵技術とともに世界中へ広まりました。日本にビールが入ってきたのは明治時代の初め。最初はイギリスのエールが主流でしたが、すっきりしたドイツのラガーが次第に人気を得ます。ドイツでビール醸造を学んだ日本人技術者も生まれ、ラガーは日本人になじみ深いものとなっていきます。

　ドイツビールのおいしさの秘訣。それは法律とビールが大好きなドイツの国民性を反映した「ビール純粋令」にあります。ビールの原料を「麦芽、ホップ、水（後に酵母が追加される）」に限定した法律で、1516年4月23日に当時のバイエルン公ウィルヘルム4世によって制定されました。これは、食品の品質保証の

法律として世界でもっとも古いもの。制定から500年近く経った現在でも、ドイツ国内で製造販売されるビールは、この法律に則ってつくられています。

　南ドイツの都市ミュンヘンは、ビール純粋令の発祥の地であり、良質のビールをつくる「ビールの都」として有名です。秋には世界最大規模のビール祭り"オクトーバーフェスト"が開催され、世界中のビールファン垂涎の的になっています。

　深い歴史をもつドイツでは、ビールはただの嗜好品というよりも、生活や文化の一部。醸造所では、先生に連れられて工場見学をする高校生集団にもよく出会います。ドイツでは16歳からビールを飲むことができるのです。見学の後はもちろん、できたてのビールで乾杯です。

GERMANY
AREA MAP
エリアマップ

各地の代表的なビール

西部

ユーリゲ アルト
クラシック

赤銅色でホップの苦みが効いた華やかな味。旧市街地に、「世界で一番長いバーカウンター」と呼ばれるレストランや酒場が軒を並べるエリアがあり、なかでもユーリゲのパブは人気が高い。

● Köln
(Cologne)

● Frankfurt

北部

**フレンスブルガー
ピルスナー**

北ドイツを代表する辛口の
ビール。ビールの糖度を下げ、
モルトの風味よりもさわやかな
ホップの香りと苦みを強調して
いる。クリーンでシャープな味
わいが特徴。

Berlin

東部

**ケストリッツァー
シュバルツビア**

旧東ドイツのバート・ケストリッ
ツ村でつくられるもっとも有名
な黒ビール。村はもともと温泉
が湧く保養地で、このビールが
栄養補給に飲まれていた。力
強くなめらかで、奥深い香りの
ビール。

南部
（バイエルン地方、ミュンヘン）

**シュパーテン
オクトーバーフェスト
ビア**

ミュンヘンで600年の歴史を
もつ、世界最大のビール祭り
"オクトーバーフェスト"に出
店できる公式醸造所のひとつ。
祭りのために醸造される特別
な一杯で、祭りではマスと呼
ばれる1ℓのジョッキで提供
されている。

**パウラナー
サルバトール**

修道院の中で断食期間中に
飲まれていたビール。市民に
も売り出されるようになると、
高アルコールのビールはたち
まち人気に。多くの醸造所で
語尾に「-tor」とつけたドッペ
ルボック（p.28）が売られるよ
うになった。

München
(Munich)

STYLE
ドイツの主なスタイル

エール（上面発酵）
ALE

ケルシュ

ケルンでつくられる淡色系のビール。シャルドネに似たさわやかな甘みがある。上面発酵の酵母を下面発酵に近い低温で熟成させることで、シャープさもあわせもつ。なお、ケルシュとはケルン地方でつくられたビールのみで、それ以外は「ケルシュ風」となる。

アルト

デュッセルドルフ近郊で、18世紀ごろからつくられている中濃色のビール。ドイツ語で「古い」を意味し、当時新しいスタイルであった下面発酵に対して名づけられた。フルーティーな香りが特徴。苦みの幅が広く、強いものから弱いものまである。

ヴァイツェン／ヴァイス
（ヘーフェヴァイツェン、クリスタルヴァイツェン、デュンケルヴァイツェン）

南ドイツで生まれた小麦のビール。ヴァイツェンは小麦の意味。伝統的なヘーフェは、酵母入りでくすんでいるためヴァイス（ドイツ語で「白い」という意味）とも呼ばれる。ヘーフェから酵母をろ過したクリスタル、また濃色系のデュンケルなどがある。バナナ

やクローブの香りが漂い、苦みの少ないビール。

ラガー（下面発酵）
LAGER

ヘレス／ミュンヘナーヘレス

ドイツ南部のミュンヘンでつくられたビール。ドイツ語で「薄い」という意味のヘレスは、文字通りの淡い色と、苦みの少ないライトな味わいが魅力。

ジャーマンピルスナー

チェコのピルゼンで生まれたピルスナーのドイツ版。ドイツ全土でつくられている。北部はホップの苦みが強くドライでシャープ、南部はホップの苦みは抑えめでモルトの味わいが強い傾向にある。

デュンケル（ドゥンケル）

ヘレスと並び、ミュンヘンでつくられたビール。ドイツ語の「暗い」を意味するデュンケルはその名の通り濃暗色のビール。口当たりが軽く、まろやか。

オクトーバーフェストビア（メルツェン）

9月から10月にかけて行われる世界最大のビール祭り「オクトーバーフェスト」で飲まれるビール。3月に仕込まれるため、メ

ルツェン（3月）とも呼ばれる。モルト感とアルコール度数が通常
のピルスナーより強い。

シュバルツ

バイエルン地方発祥といわれるビール。ドイツ語の「黒」を意
味するシュバルツは、その名の通り黒色のビール。ローストした
モルトのこうばしさが特徴。

ボック

アルコール度数の高いビール。ドイツ語で「2倍」を表すドッペ
ルボックはさらにアルコール度数が強い。アイスボックはボック
を凍らせることでアルコール度数を高くしたもの。マイボックは5月
（マイ）に飲まれるボック。

ラオホ

南部の都市、バンベルグ発祥のビール。スモークしたモルトを
使うことにより、ビール全体から燻製香が漂う。ブナで燻す手法
が伝統的とされている。

ドルトムンダー

西部の都市、ドルトムントでつくられたピルスナーを踏襲したビー
ル。ピルスナーよりホップの苦みと香りは弱めだが、ボディは強く
味も濃い。

地域で表情を変えるドイツビール

18世紀まで小さな国（領邦国家）の集まりだったドイツでは、ビールは地元でつくられ地元で消費されるものでした。種類や風習もその土地ならではのものとして、現代にも残っています。

南部のバイエルン州のビアガーデンも特別な風習のひとつ。冬が終わると、公園や広場には長椅子と長テーブルが置かれビアガーデンがオープンします。バイエルン州にはビアガーデンの条例があり、緑に囲まれた環境で木陰にベンチを置くこと、食べ物のもちこみが許可されることが定められています。

ケルンやデュッセルドルフなどの西部の都市では、200㎖ほどの細長いグラスでビールが提供され、グラスの上にコースターを乗せない限りウエイターが延々とおかわりのビールをもってきます。

一方、南ドイツでは、ビールはマスと呼ばれる1ℓのジョッキか500㎖のグラスで提供。屋外で飲むことの多くなる夏場には、コースターは木の葉などがグラスに入るのを防ぐ蓋の役割も担っています。

醸造所の近代化を牽引した
歴史的なビール

Spaten

シュパーテン

ミュンヘナーヘル（プレミアムラガー）

LABEL

シュパーテンはドイツ
語で「スコップ」を意
味する。スコップ両
脇の「G」「S」は、醸造
所の基礎を築いたガ
ブリエル・ゼードルマ
イルの頭文字。

飲み口はさわやか。
洋ナシのような香り
と、モルトの甘みが
好バランス。

アロマ ● 窯から出したばかりの
パンのような温かみのある香り。
ホップの香りもさわやか。
香り

フレーバー ● 苦みはほのかで、
モルトの心地よい甘みが全体を
包む。洋ナシやジャスミンのよう
なフレッシュなフレーバーが特
徴的。

明るく淡い透明な黄色。泡は
レースのように白くきめが細かい。
外観

ミディアム。モルトの甘みと温
和なアルコール感で、艶のある
なめらかなのどごし。
ボディ

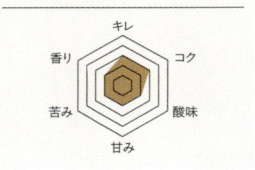

DATA

**シュパーテン ミュンヘナーヘル
（プレミアムラガー）**

スタイル：ミュンヘナーヘレス（下面発酵）
原料：　大麦麦芽、ホップ、水
内容量：355㎖
度数：　5.2％
生産：　シュパーテン・フランツィスカー
　　　　ナー醸造所

キレ
香り　コク
苦み　酸味
甘み

圏 ザート・トレーディング

　1397年創業のシュパーテン醸造所は、ビール醸造の近代産業化
に大きな功績を残す醸造所である。

　上面発酵のエールが主流だった19世紀、同醸造所のガブリエ
ル・ゼードルマイヤーがウィーンの技師とともに下面発酵（ラガー）
酵母の分離に成功。当時発明されたばかりの冷凍機を世界で初め
てビールづくりに応用し、低温熟成の下面発酵ビールの製法を確立
した。

　シュパーテン醸造所は、世界最大のビール祭りオクトーバーフェ
ストの6大公式醸造所でもある。オクトーバーフェストで飲まれるメ
ルツェン（オクトーバーフェストビア）を初めてつくったのも同醸造
所である。そのため、敬意を表して祭り初日はミュンヘン市長がシュ
パーテンの樽に飲み口を打ちこむのを合図に、約2週間にわたる祭
りの開始が宣言される。

華やかなパレードに
想いをはせるお祭りビール

Spaten
シュパーテン
オクトーバーフェストビア

DATA

シュパーテンオクトーバーフェストビア
スタイル：メルツェン／オクトーバーフェス
トビア（下面発酵）
原料：　大麦麦芽、ホップ、水
内容量：　500㎖
度数：　5.9%
生産：　シュパーテン・フランツィスカー
　　　　ナー醸造所

輸 ザート・トレーディング

アロマ ● 白桃を思わせる甘い
モルト香とカラメルモルトのこう
ばしい香り。

フレーバー ● 淡いレモンの香
りと、ナッツのようなモルトの
余韻がふわりと広がる。

香り

やややオレンジがかった黄色。
泡は白く、ジョッキの縁に立ち
上がる。

外観

ミディアム〜フルボディ。強め
のアルコール感をいきいきした
炭酸がさっぱりとまとめている。

ボディ

LABEL
世界最大のビール祭
り「オクトーバーフェ
スト」のパレードで披
露される、シュパー
テンのビール樽を積
んだ華やかな馬車の
図柄。

　メルツェン（スタイル）は、夏
用ビールの最後の仕込みが3
月（メルツ）であったことに由
来する。冷蔵技術が未発達の
時代、酸敗防止のため徹底し
た管理の下でつくられたビー
ルは、高品質で非常に美味で
あった。そのためオクトーバー
フェストも評判になったという。

ドイツでもっとも知られている
プレミアムな一杯

Bitburger

ビットブルガー

プレミアム ピルス

DATA

ビットブルガー プレミアム ピルス
スタイル：ピルスナー（下面発酵）
原料：　大麦麦芽、ホップ、水
内容量：330㎖
度数：　4.6％
生産：　ビットブルガー社

📦 大榮産業

アロマ ● 刈り取ったばかりの
瑞々しい草の香りと青リンゴの
フレッシュな香り。

フレーバー ● クリーンで上品
なモルト感と、さわやかなホッ
プの香り。余韻にこうばしいモ
ルトの香りを残す。

香り

濃い黄金色。泡は純白でメレ
ンゲのようにふんわり。

外観

ライト〜ミディアムボディ。ク
リーンなモルトの風味とノーブ
ルなホップの苦みのバランス
がよい。

ボディ

LABEL
白とゴールドで構成
されたデザインはこ
のビールの色と泡と
同じ美しさ。ビクトリ
ア時代を彷彿させる
洗練されたラベル。

　ドイツ西部にある名水の郷
ビットブルクにある醸造所で、
厳選された原料を使い伝統的
な長期低温発酵でつくられて
いる。

　こうばしいホップの風味と、
上品ですっきりとしたホップの
苦みのハーモニーは秀逸で、ド
イツ国内にもファンが多い。

ドイツの歴史をつくってきたミュンヘナーヘレス

Hofbräu München

ホフブロイ・ミュンヘン
オリジナルラガー

ミュンヘンにあるホフ
ブロイハウスの建物
が描かれている。HB
のイニシャルの上に
はかつてバイエルン
公の宮廷醸造所だっ
たことを示す王冠。

ミュンヘンの伝統的なラガー
ビールは「ドゥンケル（「濃い」
の意）」と呼ばれる褐色ビール
だったが、19世紀後半に隆盛
したチェコのピルスナーに対
抗するために「ヘレス（淡い）」
スタイルが開発された。ミュン
ヘンの水はミネラル分が多く、
ホップよりもモルトのニュアン
スが強調される。

アロマ ● 花のような甘いニュアンスを感じさせる上質なモルトの香り。

フレーバー ● 干した麦わらのような、こうばしいモルトの香りが口いっぱいに広がる。苦みは淡く、甘みの余韻がある。

香り

外観

輝く麦のような黄金色。泡はきめ細かく豊か。

ボディ

ミディアムボディ。味わいは強く、のどごしはやわらかい。

〈主なラインナップ〉
・ドゥンケル
・ミュンヘナーヴァイス
・シュバルツヴァイス
・マイボック
・オクトーバーフェストビア

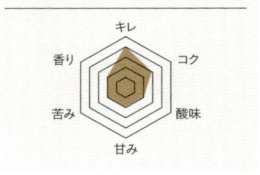

DATA

ホフブロイ・ミュンヘン オリジナルラガー

スタイル：ミュンヘナーヘレス(下面発酵)
原料：　大麦麦芽、ホップ、水
内容量：330㎖
度数：　5.1%
生産：　ホフブロイ・ミュンヘン醸造所

（キレ／コク／酸味／甘み／苦み／香り）

📷 アイエムエーエンタープライズ

　ミュンヘンを訪れた人が必ず立ち寄る観光名所「ホフブロイハウス」は、世界でもっとも有名なビアホール。連日お祭りムードの巨大な店内では、民族衣装を着た音楽隊がバイエルンの陽気な音楽を演奏している。「乾杯の歌（Ein Prosit）」を、世界各国から訪れた客同士がともに歌い、陽気にジョッキを傾ける。

　1589年にバイエルン公ヴィルヘルム5世により宮廷醸造所として開設された「ホフブロイハウス」は、ミュンヘンのビール醸造のお手本になった。現在は州立醸造所として操業しながら、世界中にミュンヘンのビールを輸出している。

　ドイツのビアホールには「Stammtisch」と呼ばれる常連客のための席が設けられており、とくに年季の入った常連客は、店に自分専用のジョッキを預けることができる。「ホフブロイハウス」にマイジョッキを置くことは、ミュンヘンっ子の名誉なのだそう。

世界最古の修道院付属醸造所がつくるビール

Weltenburger

ヴェルテンブルガー

バロックデュンケル

LABEL
背景には自給自足をしていた頃の畑と森、赤い屋根と尖塔をもつ修道院、その手前にはドナウ河が描かれている。

〈主なラインナップ〉
・ピルス
・アッサムボック
・ヘフェヴァイスビア・ヘル

World Beer Cup（2年に1回アメリカで行われるもっとも権威あるビールのコンペティション）やDLG（ドイツ農業協会の品質保証）など国内外で多くのメダルを獲得している。

アロマ ● ローストされたモルトのこうばしさの後ろに、華やかなホップの香りが隠れている。
フレーバー ● チョコチップクッキーのようなモルトの甘い風味。最後にはこんがりと焼かれたトーストやしょう油のようなこうばしさを残す。

香り

赤みがかった茶色。透明感がある。泡はチョコレートミルクのような褐色。

外観

ミディアムボディ。アルコールのニュアンスは弱く、色ほどの重さはなく、すっきりと飲みやすい。

ボディ

DATA

ヴェルテンブルガー・バロックデュンケル

スタイル：デュンケル（下面発酵）
原料：　大麦麦芽、ホップ、水
内容量：330㎖
度数：　4.5％
生産：　ヴェルテンブルク修道院付属醸造所

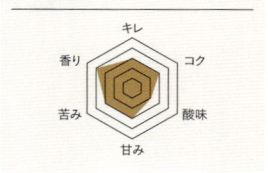

キレ
香り　コク
苦み　酸味
甘み

📷 月桂冠

　現在稼働している修道院付属の醸造所としては世界最古。ヴェルテンブルク修道院の起源は7世紀。1050年にはビールをつくっていたという記録が残り、ヴァイエンシュテファン（P.52）やアンデックスとその古さを競っている。

　祈りと労働を神への奉仕と考えたヴェルテンブルク修道院は、俗世との接触を拒むかのようにドナウ河の川縁に建てられた。現在でもレーゲンスブルクから流れの速いドナウ河を船で遡るか、切り立った崖の上の道を車で走るかでなければ辿り着けない陸の孤島である。そのため修道院は、度々ドナウ河の氾濫による危険にさらされてきた。ビールだけでなく、バロック様式の美しい修道院と黄金に輝く祭壇が有名。中庭は夏季限定でビアガーデンになっており、訪れた人たちを新鮮なビールでもてなしてくれる。

　季節限定のビールも含め10種類ほどのビールを醸造しており、どれも評価は高い。

ドイツの高アルコールビールの代表格

EKU28

エク28

LABEL
「EKU」が目立つように
赤色の文字で中央に
配されたシンプルなラ
ベル。

アルコール度数が高く、香りも
コクも深みがある。専用グラス
でブランデーのように温めなが
ら飲むと、香り立ちが良いので
おすすめ。

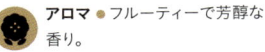

アロマ ● フルーティーで芳醇な
香り。

香り

フレーバー ● 繊細なホップの
香りが鼻に抜ける。

赤みのある深い茶色。泡も同様
に薄く茶色がかっている。

外観

フルボディ。後味が甘く感じる
コクの深さがある。

ボディ

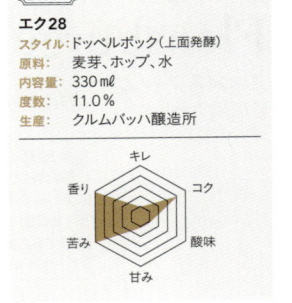

┌─────────────┐
│ **DATA** │

エク28
スタイル：ドッペルボック(上面発酵)
原料： 麦芽、ホップ、水
内容量： 330㎖
度数： 11.0％
生産： クルムバッハ醸造所

キレ

香り　　　　コク

苦み　　　　酸味

甘み

囲 廣島

　クルムバッハ醸造場が位置する、ドイツバイエルン州の北東部に
位置するフランコニア地方は、ビール大国ドイツの中でも多種多様
なビールが造られていると言われている。そんなフランコニア地方
のビールの中で、もっとも特徴あるビールとされているものが、この
ビールだ。名前の由来は、このビールを醸造するクルムバッハ第一
共同醸造所（現在は社名は変更）からきている。「E」は、Erste（英語
のFirst）を表し、「K」は醸造所のある街の名前のKulmbach、「U」は
EKU28を造った2つの醸造所の結合を意味するUnionからきてお
り、28という数字は麦汁エキスのパーセンテージを意味する。1872
年に誕生し、1516年に施行された「ビール純粋令」に則って水とホッ
プと麦芽のみで醸造されている。

　9か月もの長期間で超低温熟成を行って醸造された「エク28」は、
11％とアルコール度数が高く、麦本来の甘味と深いコクが味わえる。
7～9℃が一番飲みごろの温度。

最北の港町がつくったドライなビール

Flensburger

フレンスブルガー

ピルスナー

LABEL

北海の国々との貿易で栄えた海の街らしく、ラベルには海と船、市の紋章である獅子と赤い塔が描かれる。

グラスを注いだときに、きめ細かい泡が立ちあがる。アルコール度数もそこまで高くないので、あっさり飲める爽快なビール。

アロマ ● さわやかで、清々しいホップの香り。

香り

フレーバー ● モルトの香りは控えめ。ホップの主張が華やかで青々と口いっぱいに広がる。

外観

クリアで明るいゴールド。白く豊満な泡はなかなか消えずにグラスに留まっている。

ボディ

ミディアムボディ。舌を刺激する苦みや炭酸が強く、すっきりとしたキレに満足感が高い。

〈主なラインナップ〉
・ドゥンケル
・ヴァイツェン
・ゴールド

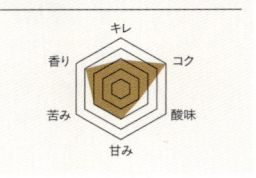

DATA	
フレンスブルガー ピルスナー	
スタイル：	ピルスナー（下面発酵）
原料：	麦芽、ホップ、水
内容量：	330㎖
度数：	4.8 %
生産：	フレンスブルガー醸造所

問 ザート・トレーディング

　ドイツ最北端の港町フレンスブルグにある、フレンスブルガー醸造所。その醸造所でつくる、ドライなビールはしっかりとしたホップの苦みが特徴。ドイツでは、北へ行けばいくほど麦芽の甘みよりホップの苦みの強いビールが多いと言われていて、最北端の醸造所で作られたこのビールは、ドイツのなかでもトップクラスの辛さとキレをもつ。栓抜きのいらないスウィングトップが、開栓時にポンッ！ といい音を聞かせてくれる。

　ドライな飲み口だからどんな料理にも合うが、港町のビールということで、魚料理に合わせたいところ。

　「ピルスナー」のほか、りんごのような風味が特徴的な「ヴァイツェン」や香ばしさとミネラル感のある「ドゥンケル」など、どれも甘さ控えめで、ドイツ最北端ならではの味わいで楽しませてくれる。

修道院がつくる「液体のパン」

Paulaner

パウラナー

サルバトール

LABEL

僧侶が蓋のついた
ジョッキにあふれん
ばかりのビールを入
れて、貴族に差し出
す場面が木の板に
描かれたデザイン。
ブランドのエンブレ
ムは15世紀イタリア、
パオラ生まれの聖人
フランシスコ。

〈主なラインナップ〉
・オクトーバーフェストビア
・ヘフェヴァイスビア
・ヘフェヴァイス ドゥンケル
　アルコールフリー
・オリジナル ミュンヘナー
　ドゥンケル

醸造所隣接のホールでは、
毎年3月に「シュタルクビア
フェスト（強いビール＝ドッ
ペルボックの祭り）」が開
催。オクトーバーフェストさ
ながらの熱気がある。

アロマ ● 焦がしたカラメルの甘い香り。ウイスキーのようなアルコールの香りも。

香り

フレーバー ● ドライフルーツのような甘くしっとりとした香り。カリッと焼かれたビスケットのようなこうばしさと、かすかにシガーの焦げ感も感じる。

外観

やや赤みをもつ茶色。泡は薄い褐色で、なめらかに盛り上がる。

ボディ

フルボディ。高いアルコールの温かさを感じる。ホップの香りはほとんどなく、舌に心地よい苦みを残す。

DATA

サルバトール

スタイル：ドッペルボック／ダブルボック
（下面発酵）

原料：　大麦麦芽、ホップ、水
内容量：330 ㎖
度数：　7.9 %
生産：　パウラナー醸造所

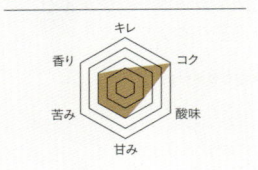

🔲 アイコン・ユーロバブ

パウラの聖フランシスコ会修道士により、1634年に建てられた修道院のビール。麦のエキス分を凝縮しアルコール度数を高めたこのビールは、4月の復活祭に先立つ2週間の断食を乗りきるための「液体のパン」として修道院で飲まれていた。

1780年から「サルバトール（救世主）」と名づけて一般販売したところ、これにならい多くの醸造所が「-tor」の名をつけてドッペルボックをつくるようになった。醸造所はミュンヘン市内を流れるイーザル河の東南ノックハーベルクの丘にあり、隣接するビアガーデンやレストランは市民の憩いの場にもなっている。また、オクトーバーフェストの会場テレージエンヴィーゼの南には自家醸造の酒場があり、店の地下でつくられる新鮮なビールが楽しめる。ドッペルボックのほかにも、ヴァイツェンやヘレスなど多数のスタイルを展開。

サッカークラブチームの強豪、バイエルンミュンヘンの公式スポンサーでもある。

王室専売の
小麦ビールを受けつぐ

Schneider Weisse

シュナイダー ヴァイセ
TAP7 オリジナル

〈主なラインナップ〉
・TAP1 ヘレヴァイセ
・TAP2 クリスタル
・TAP4 フェストヴァイセ
・TAP5 ホッペンヴァイセ
・TAP6 アヴェンティヌス
・アヴェンティヌス アイスボック（右）

DATA

TAP7 オリジナル

スタイル：	ヘーフェヴァイツェン（上面発酵）
原料：	大麦麦芽、小麦麦芽、ホップ、水
内容量：	500㎖
度数：	5.4%
生産：	シュナイダー醸造所

圏 昭和貿易

アロマ ● シナモンのようなスパイシーな芳香とバナナの風味。
香り
フレーバー ● 南国のフルーツの香り、小麦の香り、煎ったナッツのようなこうばしさがまじわり、奥行きがある。

外観
温かみのあるオレンジ色。泡はやや黄みがかり、豊かに盛り上がる。

ボディ
ミディアム～フルボディ。濃厚でクリーミーほのかな酸味とスパイシーさがアクセント。

　創業者ゲオルグ・シュナイダー1世が、王室の専売特許であった小麦ビールの醸造権を購入した1872年当時のレシピそのままにつくられている「TAP7」。ミュンヘン中心部にある直営店『ヴァイセスブロイハウス』は、世界で一番おいしいヴァイスビアを飲ませる店として地元に愛されている。

一度飲んだら忘れられない
芳醇なビール

Schneider Weisse

シュナイダー ヴァイセ
アヴェンティヌス アイスボック

▷ DATA

アヴェンティヌス アイスボック
スタイル：ヴァイツェン・アイスボック（上面発酵）
原料：大麦麦芽、小麦麦芽、ホップ、水
内容量：330㎖
度数：12.0%
生産：シュナイダー醸造所

▨ 昭和貿易

LABEL

グラスラベルの人物は16世紀に
バイエルン地方の歴史と地図を
まとめたアーベンスベルクのヨハ
ネス・トゥーアマイア。アベンティ
ヌスと名乗っていた。

アロマ ● グローブやシナモン
のようなスパイシーさとドライフ
ルーツの凝縮された甘い香り。
フレーバー ● 干しブドウ、プ
ルーン、ナッツ、熟したバナナな
ど何層にも重なる複雑な香り。
（香り）

紅褐色で奥行きがある色合い。
泡はややグレーがかっている。
（外観）

フルボディ。濃縮された深い香
りと強いアルコールの温もりが
ある。
（ボディ）

　小麦を用いたビール（ヴァイ
スビール）を専門とする醸造所
として有名な、シュナイダー醸
造所がつくるアイスボック。ア
ルコール度数が高い同醸造所
の「TAP6 アヴェンティヌス」を
冷凍し、凍った水分だけを取り
除くことでアルコール度数と麦
芽濃度を高めて濃厚に仕上げ
ている。

ミュンヘンが憧れた元祖ボックビール

Einbecker

アインベッカー

マイウルボック

LABEL

元祖ボックビールを象徴するかのように、クラウンを冠したEの文字がデザインされたエンブレム。光沢のあるラベルでプレミア感がある。

〈主なラインナップ〉

・ピルス
・ウルボック ヘル
・アルコールフリー
・ドゥンケル

5月の春祭りに向けてつくられる特別なボック。しっかりとした味わいの中に春を感じさせるフレッシュでスパイシーなフレーバーが特徴。3月末から出荷され、5月の中旬には売り切れてしまう。

アロマ ● 刈り草のようなやわらかな香りと甘い香り。かすかに天然のハチミツのようなスパイシーな香りも。

香り

フレーバー ● リンゴのようなさわやかさと酸味、焼きたてのケーキを思わせるこうばしいトースト香をあわせもつ。

外観

やや赤みを帯びた濃いゴールド。

ボディ

ミディアム〜フルボディ。モルトのしっかりとしたキャラクターとアルコールの温かみが感じられ、飲みごたえがある。

DATA	
マイウルボック	
スタイル：	マイボック（下面発酵）
原料：	大麦麦芽、ホップ、水
内容量：	330㎖
度数：	6.5%
生産：	アインベッカー醸造所

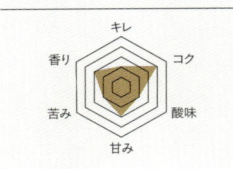

圏 大榮産業

　ボック発祥の地、アインベックでつくられるビールで、ウルボックとは「元祖ボック」という意味。17世紀、ビール醸造の中心地だったアインベックから、醸造家をミュンヘンに連れてきてラガー製法を取り入れたのがボックビールの始まり。その語源は「アインベック」が「ボック」と訛ったとも、雄ヤギ（Bock）のように力強いからともいわれている。

　1250年ごろから、アインベックでは一般家庭でビール醸造が行われており、煮沸釜を大きな車輪がついた台車に乗せ、馬車で家々をまわって売っていた。いまでも古い家の入口は背の高い煮沸釜が通れるよう、高いアーチ状になっている。17世紀に起こった30年戦争で街は破壊され、各戸での醸造は不可能になった。そのため、市民は街の裏手に共同で新たな市民醸造所をつくり、それが現在のアインベッカー醸造所になる。宗教改革の主唱者であるルターも「人類にとってもっともおいしい飲み物はアインベッカービール」と称賛。

ゲーテも愛したビターチョコのような黒ビール

Köstritzer

ケストリッツァー
シュバルツビア

LABEL

現在のラベルには醸造所の元になった地元貴族の紋章が描かれている。以前のラベルにはこのビールのファンだったというゲーテの肖像が描かれていた。

シュバルツとはドイツ語で黒を意味する。その名の通り外観は深い黒。ビターチョコを思わせるほろ苦さと優しい甘み。色から連想されるほどの重さはなく、すっきりとしている。

香り

アロマ ● 焙煎された麦芽のほろ苦さを感じさせる香り。カカオやナッツの香りも。

フレーバー ● ビターチョコレートを感じる風味。イチジクのようなふくよかな香りも漂う。

外観

深い黒。光に透かすと若干の赤みも見て取れる。泡は薄い銅色。

ボディ

ミディアムボディ。シャープなのどごしに仕上がる下面発酵酵母を使っているため、濃色から予想される重たさはない。

〈**主なラインナップ**〉
・ピルスナー

DATA

ケストリッツァー シュバルツビア

スタイル：	シュバルツ（下面発酵）
原料：	大麦麦芽、ホップ、水
内容量：	330㎖
度数：	4.8％
生産：	ケストリッツァー社

（レーダーチャート：キレ、コク、酸味、甘み、苦み、香り）

圏 大榮産業

　ライプツィヒの南西50㎞に位置するバート・ケストリッツ村でつくられるビール。ドイツを代表する文豪ゲーテが愛したことでも有名。「ゲーテはスープも肉も食べない。彼はビールと小さなパンで生きている。召使にケストリッツァーの黒ビールか、茶褐色のビールを注文するだけだ」という友人の書簡が、ゲーテの愛飲ぶりを証明している。

　創業は1543年。副原料が認められていた旧東ドイツの時代には、砂糖を加えたものも販売されていた。1950年代までは樽詰めのみでびん詰めはされておらず、市民は晩酌用やお土産用にと空きびんにこのビールを入れて家にもち帰っていた。1991年にビットブルガー社の傘下に入ったことで販路を広げ、現在はシュバルツといえば「ケストリッツァー」といわれるほどドイツでの知名度は高い。

　9℃くらいに冷やした状態から飲み始め、次第に温まって香りが開いてくるのを楽しむのもツウな飲み方。

スモーク香漂う、パンチの効いた燻製ビール

Schlenkerla

シュレンケルラ
ラオホビア メルツェン

LABEL
Aechtは古いドイツ
語で「真の」の意味。

国内外で数々の賞を取っている。個性的
な味わいは好みを二分するが飲み進める
とやみつきになる。スモークしたチーズや
ベーコンとの相性は最高。

アロマ ● 強烈なスモーク香。スコッチウイスキーやブラックコーヒーに似た香りも。

香り

フレーバー ● たき火の木に浮き出したオイルの香り。焦げたトーストや煎ったナッツのようなこうばしさも、煙の香りとともに口の中から鼻に突き抜ける。

紫がかった漆黒。泡はやや褐色でボリュームがある。

外観

フルボディ。口いっぱいにスモークの香りが立つ。舌触りはクリーミー。ほのかな酸味がある。

ボディ

〈主なラインナップ〉
・ラオホビア ヴァイツェン
・ラオホビア ラガー
・ラオホビア ウルボック

DATA

**シュレンケルラ
ラオホビア メルツェン**

スタイル：	ラオホ（下面発酵）
原料：	大麦麦芽、ホップ、水
内容量：	500 mℓ
度数：	5.1 %
生産：	ヘラー醸造所

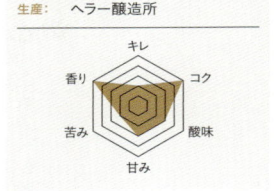

圖 昭和貿易

1678年からの歴史をもつシュレンケルラ醸造所でつくられている。醸造所があるバンベルク旧市街地は、中世の街並みをそのまま残しており「小ベニス」とも呼ばれている。街の景観は美しく、ユネスコ世界文化遺産に登録されている。

ラオホとはドイツ語で「煙」のこと。その名の通り、煙の香りが強烈なビール。「ラオホビア」のもとになる麦芽は、焙煎時にブナの木が燃える火の上に直接さらして乾燥させている。麦芽が煙で燻されることにより、その独特の風味がつく。ブナの木は3年間寝かせて乾燥させた地元フランケン地方のものが使われている。醸造所直営のレストランでは木樽に詰められたラオホを飲むことができ、観光客やビールファンでにぎわう。

市内にある10軒の醸造所のうち、常時ラオホビールをつくっているのはシュレンケルラとシュペッツィアルの2軒の醸造所のみ。シュレンケルラのものは非常に強いスモーク香が特徴。

現存する最古の醸造所がつくる可憐なヴァイツェン

Weihenstephaner

ヴァイエンシュテファン
クリスタルヴァイスビア

LABEL

バイエルン州の公営
企業であることを示
す、2匹の獅子がエン
ブレムを支えるデザイ
ン。下縁の「ALTESTE
BRAUEREI DER
WELT」は、世界でもっ
とも古い醸造所を意
味する。

フィルターで酵母をろ過し
たことにより、ヴァイツェン独
特のバナナのような香りは
弱くすっきり。ヴァイツェン
初心者でも飲みやすい。

アロマ ● 青みが少し残ったバナナのような清々しさと、シャルドネを思わせる甘い香り。

香り

フレーバー ● 花のような繊細さと、トロピカルフルーツのような豊かでさわやかな香りが重なる。

クリアで明るい黄金色。白い泡は豊かでしっかりとしている。

外観

ライトボディ。ジューシーな味わいは、のどにひっかかることなくするすると飲める。

ボディ

〈主なラインナップ〉
・ヘフェヴァイスビア
・ヘフェヴァイスビア デュンケル

DATA

ヴァイエンシュテファン クリスタルヴァイスビア

スタイル:	クリスタルヴァイツェン（上面発酵）
原料:	大麦麦芽、小麦麦芽、ホップ、水
内容量:	500 ㎖
度数:	5.4 %
生産:	ヴァイエンシュテファン醸造所

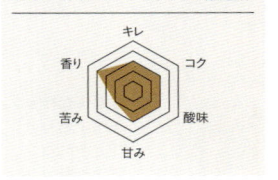

📷 日本ビール

　ミュンヘンの北、空港に近いフライジングの丘に建つ現存する世界最古の醸造所、ヴァイエンシュテファン。725年ベネディクト派の伝道師が建てた修道院から始まり、1040年にはビール醸造が始まっていたとされている。

　ナポレオンの進撃によって修道院は閉鎖になり、現在はバイエルン州の公営企業として運営。敷地内のミュンヘン工科大学には、世界中から研究者や学生が集まり、世界のビール醸造をリードしている。最古の醸造所として、伝統と格式をもちつつ、新しい技術を開発するシンクタンクとして敷地内には研究施設が多数点在している。醸造所は緑に囲まれ、レストランとビアガーデンでできたてのビールを味わうこともできる。

　「クリスタルヴァイスビア」のほか、酵母入りの「ヘフェヴァイスビア」も有名。同ブランドはビールのみならず、牛乳やチーズなどの乳製品も製造し、ミュンヘン市民の食卓に上っている。

ドイツ

まろやかでフルーティーな
ヴァイツェン

Franziskaner

フランツィスカーナー
ヘーフェヴァイスビア

（DATA）
**フランツィスカーナー
ヘーフェヴァイスビア**
スタイル：ヘーフェヴァイツェン（上面発酵）
原料：　小麦麦芽、大麦麦芽、ホップ、
　　　　水
内容量：355ml、500ml
度数：　5.0%
生産：　シュバーテン・フランツィスカー
　　　　ナー醸造所

 ザート・トレーディング

〈主なラインナップ〉
・ヴァイスビア
　ドゥンケル
・ヴァイスビア
　クリスタルクラー

LABEL

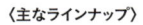

フランシスコ会修道
士が描かれたラベ
ルは、醸造所のビー
ルの歴史と由緒、卓
越した品質を表す。

アロマ ● クローブのようなスパ
イシーな香りとフルーティーな
ふくよかさ、焼きたてのパンのよ
うな温かみのある香り。
フレーバー ● 熟したバナナのよ
うな甘い香りから、ほのかな柑
橘類と酵母の風味へつながる。

たっぷりの酵母で白く濁った
濃いオレンジ色。泡はきめが
細かくこんもり盛り上がる。

ミディアム〜フルボディ。ク
リーミーで淡い酸味、バランス
のとれた奥深い味わい。

　酵母の自然な濁りが特徴的
な、うまみたっぷりで力強い味
わいのバイエルンを代表する
ヴァイスビール。小麦麦芽を
贅沢に使用した、伝統的な上
面発酵製法でつくり上げてい
る。びんの底に沈殿している
酵母をグラスに注ぎ、最後まで
味わいたい。

ドイツでもっとも売れている
ヴァイスビア

Erdinger
エルディンガー
ヴァイスビア

DATA

エルディンガー・ヴァイスビア
スタイル：ヘーフェヴァイツェン（上面発酵）
原料：　小麦麦芽、大麦麦芽、ホップ、
　　　　水
内容量：500㎖
度数：　5.6%
生産：　エルディンガー・ヴァイスブロイ

㈱ 大榮産業

  アロマ ● 甘くフルーティーなバ
ナナの香りが強い。オレンジや
洋ナシのようなフレッシュな香り
も続く。

フレーバー ● ヴァイツェン特
有のバナナやクローブの香りは、
アロマに比べ控えめ。レモンの
ような酸味と酵母の吟醸香も。

白く濁りがある黄金色。しっか
りした泡は高く湧き上がる。

 外観　ミディアム〜フルボディ。すっ
きりして食事にも合わせやすい。

 ボディ

〈**主なラインナップ**〉
・ヴァイスビア デュンケル
・ヴァイスビア クリスタル

LABEL
麦へのこだわりがラベル
に象徴されている。タン
パク質の少ない種類を
選び、契約農家で栽培し
ている。

　ドイツでもっとも飲まれてい
るヴァイスビアシリーズである
エルディンガー。ミュンヘン中
心部より北東30㎞のエルディ
ングにある醸造所は、ヴァイス
ビールに特化していることで有
名。華やかで控えめな香りは、
ヴァイツェン初心者でも飲み
やすい。

55

ケルンが生んだ
黄金色に輝くビール

Früh Kölsch

フリュー ケルシュ

DATA

フリュー ケルシュ
スタイル：ケルシュ（上面発酵）
原料：　麦芽、ホップ
内容量：330㎖
度数：　4.8%
生産：　フリュー醸造所

圏 昭和貿易

アロマ ● 麦のやわらかい香りと、フルーティーで華やかな香り。
香り **フレーバー** ● 上品なホップの香りが広がる。

クリアで、淡い黄金色。クリーミーなきめ細かい泡は、ふわっと立ち上がる。
外観

ライト〜ミディアムボディ。さわやかな口当たりとホップの苦みですっきりとした味わい。
ボディ

LABEL
醸造所に近いケルン大聖堂には、キリスト教新約聖書に記載された三賢者の王冠が収められており、ラベルにはその三賢者の王冠が配されている。

　ケルシュはビールにはめずらしい原産地統制呼称。ケルン近郊の24醸造所でつくられるものだけがケルシュと名乗ることができる。
　上面発酵酵母を低温長期熟成で醸造させることで、フルーティーな香りとホップの苦みが下に残って、余韻まで楽しめる。

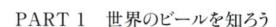

エールとラガーの
いいトコ取りな
ハイブリットビール

Gaffel
Kölsch

ガッフェル・ケルシュ

⬛ DATA
**ガッフェル・
ケルシュ**
スタイル：ケルシュ（上面発酵）
原料：　大麦麦芽、小麦麦芽、ホップ、
　　　　水
内容量：330㎖
度数：　4.8%
生産：　ガッフェル醸造所

🏬 大榮産業

アロマ ● スミレのような花の香
りとシャルドネのようなジュー
シーさ。
香り

フレーバー ● 繊細で上品な
ホップの香り。白いパンのよう
な麦のやわらかい香りをほの
かに感じる。

やや白濁した黄金色。泡はき
めが細かく長くグラスに留まっ
外観 ている。

ライト〜ミディアムボディ。フ
ルーティーだが、甘みが少なく
ボディ 引き締まったライトな味わい。

LABEL
ガッフェルとはケルシュ
の発展に貢献した中世
のギルド（同業組合）の
一派のこと。エンブレム
の人物はケルンの紋章
をもつ。

　ケルシュは、上面発酵酵母
を使うが低温で熟成される。こ
れにより上面発酵のようなフ
ルーティーな香りが漂いながら
もシャープな味わいに仕上がっ
ている。なかでも「ガッフェル」
は、大麦だけでなく小麦の麦芽
を使っているため、よりフルー
ティーさが漂う。

苦みの余韻が印象的。古くて新しいアルトビール

Zum Uerige

ツム・ユーリゲ

ユーリゲ アルト クラシック

LABEL

王冠を使わないスウィング
トップの伝統的なボトルと
対象に、ユーリゲの由来にも
なっている風変わりなキャラ
クターをラベルに載せる事
で、伝統の中にも遊び心を表
したデザインになっている。

濃厚な麦芽の風味
と後を引くホップの
苦み。「ドイツで一
番苦いビール」とい
われるが、渋みを感
じさせないクリーン
で瑞々しい味わい。

アロマ ● 刈り草のような香り。べっこう飴のようなこうばしい甘い香りも。

フレーバー ● 煎った麦のようなこうばしさの後に、ホップの華やかでフレッシュな香りが鼻に抜ける。

香り

酵母由来の濁りがあり、赤みのある銅色をしている。泡は茶色がかったクリーム色。

外観

ミディアムボディ。カラメルモルトの甘みとホップの苦さのコントラストが秀逸。

ボディ

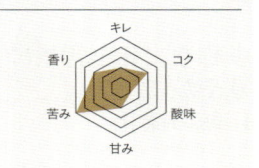

DATA

ユーリゲ アルト クラシック

スタイル：	アルト（上面発酵）
原料：	大麦麦芽、水、ホップ
内容量：	330㎖
度数：	4.7％
生産：	ユーリゲ醸造所

回 昭和貿易

〈主なラインナップ〉
・ユーリゲ ヴァイツェン
・ユーリゲ シュティッケ
・ユーリゲ ドッペルシュティッケ

　アルトビールの「alt」はドイツ語で「古い」という意味。ビールが古いということではなく、新しく登場した下面発酵に対して、伝統的な上面発酵をさしている。

　ツム・ユーリゲ醸造所は1862年にデュッセルドルフの旧市街地で創業した。Uerigeとは「風変わりな」「奇妙な」を意味する言葉で、創業者が風変わりな性格であったことから名づけられた。

　デュッセルドルフの旧市街地は大小さまざまなブルーパブやレストランが軒を連ねることから、「世界一長いバーカウンター」と呼ばれている。その一角にあるユーリゲのブルーパブは地元でもとくに人気が高く、路上にまで人があふれ賑わっている。

　また1年に2回、シュティッケ（Sticke：方言で「秘密」の意味）と呼ばれる特別醸造のビールをつくる。これもびん詰めされて輸出されるが、数は少ない。

ベルギー

BELGIUM

多様な文化を背景に
華やかに香る
伝統の深化

　九州の約70％の大きさの国土に約1000万人の人々が暮らすヨーロッパの小国ベルギー。ですが、1000種類以上ものビールの銘柄をもち、国民ひとりあたりのビール消費量は日本の約1.6倍もあります。

　ベルギーは、中世以降、周辺諸国の領土となってきたものの、1000年近い期間にわたって、ヨーロッパの中心であり続けたという歴史をもっています。

　大きく分けると、ゲルマン系のフランデレン人とラテン系のワロン人の2つの民族が暮らし、オランダ語、フランス語、ドイツ語と、3つの言語を公用語にもつ多民族、多言語国家であるベルギー。こうした民族による嗜好性の違いやさまざまな国の影響を受け、その文化を取り入れていったという歴史から、多種多様な味わいをもつ多くの銘柄が生まれたと考えられています。また、地

　域ごとにその地方の特産物（穀物や果物など）をビールに使った
ことも、さまざまな地ビールが生まれた大きな要因です。ベルギー
ビールには、ハーブやスパイスを用いたものが多くありますが、こ
れはもともと地元で採れる天然の保存料として使われていたもの
です。

　さらに、19世紀になるまで主流であった、自然発酵のビール
（ランビック）を醸造するための条件が揃っていたことも、独特の
ビール文化が生まれたことと関わりが深いといえるでしょう。

　複雑な歴史、さまざまな要因のなかで、人々が大切に守ってき
たベルギービール。ベルギーの地方都市には必ずビアカフェ
があり、それぞれの土地ならではのバラエティに富んだビールを
楽しむことができます。

AREA MAP

各地の代表的なビール

North Sea

Flande

**ローデンバッハ
クラシック**

ビールを上面発酵で発酵さ
せた後、オークの樽で長期間
熟成させてつくる。甘酸っぱ
くさわやかな味わいが特徴。

南部／ワロン地方

セゾンデュポン

主にワロン地方でつくられて
いる、瓶内二次発酵タイプの
ビール。もともとは農家が冬
の間に仕込み、夏に飲むま
で貯蔵しておく自家用ビール
だった。

オルヴァル

修道院内に醸造所をもつ、ト
ラピスト会修道院ビールの
代表格。オルヴァル修道院
は、南東部リュクサンブール
州にある。

ヒューガルデン・ホワイト

大麦麦芽と小麦のほかに、オレンジピールやコリアンダーを使った小麦のビール。霞がかった薄黄色で、さわやかな酸味をもつ。

カンティヨン・グース

強い酸味と独特の香りが特徴。人工培養した酵母ではなく、空気中に浮遊している野生酵母や微生物を利用して自然発酵させる、伝統的ベルギービール。

北部／フランデレン地方
（フランダース地方）

Brussels

Liége

Wallonia

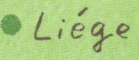

サン・フーヤントリプル

修道院から委託を受けた、一般の醸造所でつくられるアビィビール。一般にトラピストビールに近い味わいのものが多い。

STYLE
ベルギーの主なスタイル

エール（上面発酵）
ALE

ベルジャンスタイル・ホワイトエール

ヒューガルデン村に古くから伝わる小麦ビール。小麦を麦芽化せず用い、白濁しているので「ホワイト」と呼ばれる。コリアンダーとオレンジピールが使われているのでスパイシーでフルーティー。

ベルジャンスタイル・ペールストロングエール

アルコール度数7.0％以上のビール。フルーティーかつキャンディシュガーのキャラクターが顕著。ビールの色はフルーティーな香りの明るい黄金色と、キャンディシュガーがこうばしい濃色がある。

セゾン

農民が夏の農作業の合間に飲むために自家醸造していたビールが起源。冬に仕込み、夏まで保管していたため、防腐効果を高めるためのホップがきいている。野性味あふれる香りや酸味があるものなど個性が強い。

ベルジャンスタイル・ペールエール

ホップのキャラクターがよく現れた銅色のビール。アルコール度数は5.0〜6.0％程度のものが多く、ベルギービールとしては軽め。

ベルジャンスタイル・ダークストロングエール

琥珀から濃い茶色で、アルコール度数7.0％以上のビール。クリーミーで甘く、黒砂糖のようなキャラクターが印象的。アルコール感は、実際の度数ほど強く感じられない。

スペシャル・ビール

メープルシロップやポテト、ハチミツなど、通常のビールづくりには使用しない発酵原料を用いたビールの総称。

フランダース・レッドエール

フランデレン（フランダース）地方西部の赤みを帯びたビール。チェリーやシトラスのようなフルーティーな酸味が新鮮な印象を与える。

ダブル

モルティーかつフルーティーな濃色系ビール。アルコール度数は6.0〜7.5％。修道院のビールを踏襲しているものが多い。

アビイビール

修道院からビールのレシピや修道院名を委託された、民間醸造所がつくるビール。

フランダース・ブラウンエール

フランデレン（フランダース）地方東部の赤みを帯びた褐色ビール。こうばしい香りとフルーティーな酸味がバランスよくまとまる。

トリプル

フルーティーな淡色系ビール。アルコール度数は7.0〜10.0%以上。ダブルと同様、修道院のビールを踏襲しているものが多い。

自然発酵
NATURAL

ランビック

空気中や木樽に宿っている野生酵母を取りこんで自然発酵させたビール。酸味の強さが特徴。樽で熟成したものと新酒をブレンドする「グーズ（グース）」や、クリーク（サクランボ）やフランボワーズといったフルーツを漬けこんだ「フルーツランビック」

が有名。現在の市販ビールのなかでは、もっとも古典的な醸造方法である。

ベルギーから生まれたトラピストビール

修道院内に醸造所をもつトラピスト会の修道院でのみつくられるビール。この呼称を使うことを許されているのは世界にわずか8ヶ所のみ（2013年4月現在）。1997年よりトラピストという呼称を守るために「Authentic Trappist Products」という独自のマークを使用しています。

ブランド	製造修道院	歴史
シメイ ➡ P.80	スクールモン修道院	1850年設立。1862年醸造開始。
オルヴァル ➡ P.76	オルヴァル修道院	1070年代に設立開始。1930年代から醸造開始。
ウェストマール ➡ P.79	聖心ノートルダム修道院	12世紀設立。1836年から醸造を開始し、1921年から一般販売を開始。
アヘル	アヘル修道院	1845年設立。1850年醸造開始。1998年に承認を受け、2001年から一般に流通。ブランドは5種あり、ブラウン5とブロンド5は修道院併設のカフェでのみ提供。
ロシュフォール ➡ P.78	サン・レミ修道院	1230年女子修道院として設立。1465年男子修道院になり、1595年に醸造開始。
ウエストフレテレン	シント・シクステュス修道院	1831年設立。1838年醸造開始。びんにはラベルがなく、販売は現地のみ。
ラ・トラップ（オランダ） ➡ P.154	コニングスホーヴェン修道院	1881年設立。1884年醸造開始。
エンゲルスツェル（オーストリア）	エンゲルスツェル修道院	1293年設立。1590年醸造開始。2012年醸造を再開し、同年トラピストビールとして認定。

日本で一番飲まれている代表的なベルジャン・ホワイト

Hoegaarden

ヒューガルデン

ホワイト

LABEL

上部にはかつて仕込みの際に使用していた櫂（かい）と、司教を意味する杖のマーク。下部にはオランダ語とフランス語で「白（ホワイト）」と書かれている。

小麦を使ったビール。コリアンダーシード、オレンジピールなどのスパイスを使用している。

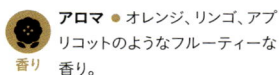

アロマ ● オレンジ、リンゴ、アプリコットのようなフルーティーな香り。

フレーバー ● オレンジのような柑橘系のフレーバー。

香り

白く濁った明るいイエロー。

外観

ライトボディ。フルーティーかつスパイシー。さわやかな酸味が特徴の心地よい味わい。

ボディ

〈主なラインナップ〉
・ヒューガルデン ロゼ
・禁断の果実
・グランクリュ

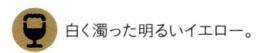

DATA

ヒューガルデン・ホワイト

スタイル：ホワイトエール（上面発酵）
原料： 麦芽、ホップ、小麦、コリアンダーシード、オレンジピール
内容量： 330㎖
度数： 4.9％
生産： アンハイザー・ブッシュ・インベブ社

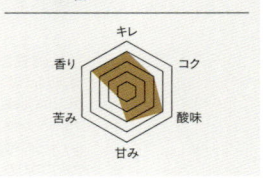

圏 アンハイザー・ブッシュ・インベブ・ジャパン

　現在、売上高、シェアともに世界No.1を誇るアンハイザー・ブッシュ・インベヴ社傘下にあるヒューガルデン醸造所は、ブリュッセルから東へ車で1時間ほどのヒューガルデン村にある。もともとこの村で15世紀にスタートしたホワイトビールの醸造は、二度にわたる世界大戦や、ピルスナー・ビールとの競合、酒税の引き上げなどの理由により、1957年にいったん途絶えてしまう。しかし、最後に閉鎖されたトムシン醸造所の隣に住んでいた牛乳屋ピエール・セリスによって復活を遂げた。

　今では「ヒューガルデン・ホワイト」は、ベルギーで消費されるスペシャル・ビールの約2割を占める、ベルジャン・ホワイトのお手本ともいえるビールになった。スパイシーで香水のような香り。さわやかな果実風味とベースにあるハチミツのような味わいで、日本でも人気No.1のベルギービール。専用グラスは、釣鐘を逆さまにしたような形で、手の熱がビールに伝わらないよう肉厚のつくりになっている。

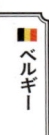

旧修道院にちなんだアビイビール

St.Feuillien

サン・フーヤン

トリプル

LABEL

サン・フーヤンには、同じラベルが3銘柄ある。トリプルが青、ブリューンが赤、ブロンドが黄色。ル・ルゥの町並みのラベルは旧タイプのもの。

かつて存在した修道院にちなんだアビイビール。トリプルはアルコール度数が高いが、それを感じさせないスッキリとした味わいが特徴。

アロマ ● ユズ、グレープフルーツなどのさわやかな柑橘系の香りとリンゴのような香り。コショウのようなスパイシーな香りもある。

香り

フレーバー ● アロマのほかに、洋ナシ、柑橘系のフレーバー。

透き通った濃いゴールド。

外観

ミディアム〜フルボディ。ホップがきいていて、スパイシー。うまみもたっぷりと感じられる。非常にバランスのよい味わい。

ボディ

DATA

サン・フーヤン トリプル

スタイル：アビイビール（上面発酵）
原料：　麦芽、ホップ、スパイス、糖類
内容量：330 ㎖
度数：　8.5 %
生産：　サン・フーヤン醸造所

キレ / 香り / コク / 苦み / 酸味 / 甘み

圓 ブラッセルズ

〈主なラインナップ〉
・ブロンド
・ブリューン

　サン・フーヤン醸造所は、1873年にステファニー・フリアーにより設立された。設立当時、すでに「グリゼット」を含むいくつかのビールを醸造しており、1950年からは、ピルスナーやスタウトなどさまざまなビール、さらにはサン・フーヤン修道院のビールの醸造も始めた。2000年にはフリアー醸造所から、主力銘柄を冠したサン・フーヤン醸造所に改名し、現在は4世代目の兄妹が経営している。

　「サン・フーヤン」は、かつて存在した修道院にちなんだアビイビール。7世紀、布教のために大陸へやってきたフーヤンというアイルランドの修道士に由来する。655年、フーヤンは現在のル・ルゥのあたりで受けた迫害により処刑。1125年、その場所に彼の弟子たちによって建てられたのが、サン・フーヤン修道院だった。

　「サン・フーヤン トリプル」は、330 ㎖びん以外にも、サルマナザールと呼ばれる9 ℓびんまでさまざまな大きさのボトルがつくられている。

「世界一魔性を秘めたビール」と称されるゴールデン・エール

Duvel Moortgat

デュベル・モルトガット
デュベル

LABEL
デュベルとは、フラマン語で悪魔を意味する語。瓶内熟成のビールであることを示す"Bottle Conditioned"と書かれている。

3か月にわたる長い熟成と瓶内発酵により、その繊細な香りと絶妙な苦みを生み出す。

アロマ ● オレンジ、レモンのような柑橘系の香り。クローブ、コショウなどのスパイシーな香り。
フレーバー ● アロマに加え、バナナなどの熟したフルーツの香り。

香り

輝きのある明るいゴールド。メレンゲのような泡が、しっかりと大きく盛り上がる。

外観

フルボディ。ホップによる苦み、十分なうまみがバランスよくまとまった味わい。

ボディ

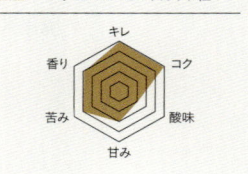

DATA

デュベル

スタイル：ストロング・ゴールデン・エール（上面発酵）

原料	：麦芽、ホップ、糖類、酵母
内容量	：330㎖
度数	：8.5％
生産	：デュベル・モルトガット社

レーダーチャート：キレ、コク、酸味、甘み、苦み、香り

輸 小西酒造

〈主なラインナップ〉
・ヴェデット・エクストラ・ホワイト
・マレッツ

　デュベル・モルトガット醸造所は、アントウェルペン州ブレードンクにある、1871年設立の醸造所。最初は上面発酵の軽いブロンド・エールをつくっていたが、その後、英国風エールの醸造を試み、「悪魔」という意味を持つ有名な「デュベル」が生まれた。1970年にはゴールド色の「デュベル」を発売し、黄金時代がスタートした。最近ではアシュッフ醸造所、リーフマンス醸造所、デ・コーニンク醸造所を傘下に収めるなど、ベルギーのスペシャル・ビールのトップメーカーとして存在感を増している。

　デュベルは、びん詰め後、温度差のある2種類の貯蔵庫で、3か月におよぶ熟成と瓶内発酵を行う。温度によって味わいが変わるので、食前酒のみならず、食中、食後とあらゆるシーンで楽しめる。チューリップ型の代表的な専用のグラスは時間をかけて楽しむための工夫がなされており、くびれた部分で盛り上がる泡を固め、底につけてあるキズからは細かい泡が立つ。

ベルギー

「世界一のビール」を
ライセンス生産

St. Bernardus

セント・ベルナルデュス

アブト12

DATA

**セント・ベルナル
デュス・アブト12**

スタイル	アビイビール（上面発酵）
原料	麦芽、ホップ、糖類、酵母
内容量	330㎖
度数	10.5%
生産	セント・ベルナルデュス醸造所

圖 EVER BREW

香り

アロマ ● リンゴ、アプリコット、洋ナシ、バナナ、干しブドウのような複雑でフルーティーな香りと、酒粕のような香り。

フレーバー ● コーヒー、カラメル、チョコレートのようなフレーバー。

外観

赤みがかった濃いブラウン。

ボディ

フルボディ。甘くまろやかな口当たり、アルコールの辛みがバランスよく広がる。

〈主なラインナップ〉
・ホワイト
・ペーター
・ベリオール

LABEL
ビールを片手に微笑む修道士の絵が描かれている。

セント・ベルナルデュス醸造所は、世界一のビールと称される"ウェストフレテレン"が第二次世界大戦による破壊から復興する間、「セント・シクステュス」という名前のビールをライセンス生産していたことでも知られている。アブトは大修道院長の意味で、名前の通りシリーズの中でもっとも強いビール。

ピンクの象が可愛らしい
危険なビール

Huyghe
ヒューグ

デリリュウム・トレメンス

【DATA】

**デリリュウム・
トレメンス**

スタイル: ストロング・ゴールデン・エー
ル（上面発酵）
原料: 麦芽、ホップ、糖類、酵母
内容量: 330㎖
度数: 8.5 %
生産: ヒューグ醸造所

圏 廣島

アロマ ● リンゴ、オレンジ、バ
ナナのようなフルーティーな香
り。コショウやクローブのよう
なスパイシーな香り。

香り

フレーバー ● アロマのほかに、
洋ナシやハチミツのような甘さ
を感じる。

透き通ったゴールド。

外観

ミディアム～フルボディ。フルー
ティーでほのかな甘みを感じる
が、後から強烈なアルコールの
辛みがやってくる。

ボディ

〈主なラインナップ〉
・デリリュウム・ノクトルム
・デリリュウム・レッド
・ギロチン

LABEL
デリリュウム・トレメ
ンスを飲むと現れる
という、「ピンクの象」
「クロコダイル」「ドラ
ゴン」「鳥」が描かれ
ている。

　「デリリュウム・トレメンス」は、
ラテン語で「アルコール中毒に
よる震え・幻覚」という意味。ラ
ベルには、幸せのシンボルとさ
れているピンクの象といくつか
の動物の姿が。飲むと順番に
幻覚が現れるという意味がこ
められている。1988年にベル
ギーに滞在したイタリア首相の
要請でつくられたのが始まり。

トラピストビールのなかでも異彩を放つ存在

Orval

オルヴァル

LABEL

「マチルドの泉の伝説」にちなんだ、指輪をくわえた鱒（ます）が描かれている。

ベルギーに存在する6つのトラピストビールの1つ。オルヴァル修道院がつくり、出荷するビールはこの「オルヴァル」1種類のみ。

アロマ ● オレンジやレモン、リンゴのようなフルーティーな香り。
フレーバー ● オレンジのような柑橘系のフレーバー。

香り

非常に明るいオレンジ色。

外観

ミディアムボディ。ドライホッピングによるホップの強烈な個性を感じさせる。ドライななかに甘み、酸味が複雑に絡み合う。

ボディ

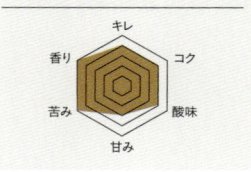

DATA

オルヴァル
スタイル：トラピスト（上面発酵）
原料：麦芽、ホップ、糖類、酵母
内容量：330㎖
度数：　6.2％
生産：オルヴァル修道院

（レーダーチャート：キレ、コク、酸味、甘み、苦み、香り）

圖 小西酒造

特色あるドライな味わいは、1931年、醸造所が創立時に招聘された最初の醸造士、ドイツ人のパッペンハイメル、2人目のベルギー人、オノレ・ヴァン・ザンデによってつくられた。熟成段階にホップを追加するドライ・ホッピングなど、あまり知られていなかった技術が彼らによって取り入れられた。醸造工程で酵母を加えるタイミングは3回あり、3回目のびん詰めの際に加える酵母のひとつがブレタノミセス（野生酵母）。これも「オルヴァル」の味わいに影響を与える大きな要素となっている。

「オルヴァル」のラベルに描かれた鱒には伝説がある。1076年ごろ、醸造所周辺を治めていたトスカーナ出身のマチルド伯爵夫人が、亡夫から贈られた結婚指輪を泉に落としてしまい、「指輪を戻してくれたらお礼に立派な修道院を建てます」と祈りをささげたところ、鱒が指輪をくわえて現れたというもの。約束通り建てたのが、このオルヴァル修道院だという。

Rochefort

厳格な修道院でつくられる
濃厚なトラピスト

ロシュフォール
10

DATA

ロシュフォール10	
スタイル：	トラピスト（上面発酵）
原料：	麦芽、ホップ、糖類、酵母
内容量：	330mℓ
度数：	11.3%
生産：	ロシュフォール醸造所

圏 小西酒造

アロマ ● バナナ、干しブドウ、イチジクのようなフルーティーな香りや、カラメル、チョコレートのような甘い香りなど、複雑な香り。

フレーバー ● プラム、ハチミツ、黒砂糖、ブラックチェリー、ナッツとさまざま。

香り

外観 濃いダークブラウン。泡立ちがきめ細かい。

ボディ フルボディ。3種類の中で、最もアルコール度数が高く、濃厚。甘みとラストの苦みのバランスがいい。

〈**主なラインナップ**〉
・ロシュフォール6
・ロシュフォール8

LABEL
数字はベルギーの旧式単位で表した糖分の比重を表す。王冠とラベルの色が「6」は赤、「8」は緑になっている。

　トラピストビールのひとつ。ほかのトラピスト修道院のようにカフェやオーベルジュを持たず、外部に対してとても厳格なことで知られている。「ロシュフォール10」のほかに、アルコール度数9.2％の「8」、年に1回のみの仕込みで生産量がとても少ない「6」がある。

トリプルの代名詞となった
トラピスト・ビール

Westmalle
ウェストマール
トリプル

 DATA
ウェストマール・
トリプル
スタイル：トラピスト（上面発酵）
原料：　麦芽、ホップ、糖類、酵母
内容量：330 ㎖
度数：　9.5 %
生産：　ウェストマール醸造所

輸 小西酒造

香り
アロマ ● バナナやクローブのような香り、柑橘系のフルーティーな香り。
フレーバー ● トロピカル・フルーツ、オレンジの香りが広がる。

外観
オレンジがかったゴールド。

ボディ
ミディアム〜フルボディ。とてもドライでフルーティーなビール。甘み、うまみ、苦みのバランスが整った優雅な味わい。

〈主なラインナップ〉
・ウェストマール・ダブル

LABEL
ウェストマールのロゴマークが入ったクリーム色のラベル。ダブルは赤紫色のラベル。

　トラピストビールのひとつ。醸造所である聖心ノートルダム修道院は、1836年に自給自足のための醸造から始まり、1921年から一般販売を開始。第二次大戦後に生まれたトリプルが有名になり、「トリプル＝色が淡くアルコール度数が高い」という認識を広めた。「トリプルの母」とも呼ばれる。

トラピストで流通量No.1のビール

Chimay

シメイ
ブルー

LABEL
銘柄ごとにラベルの
色が異なる。「ブルー」
には、3種類のなかで
唯一ヴィンテージが
入っている。

「シメイ・ブルー」は、もともと
1948年にクリスマスビール
としてリリースされたもの。
人気を集め、現在では通年
で生産されている。

アロマ ● 干し草、パン、干しブドウ、イチジク、コショウ、カラメルのようなこうばしさ。柑橘系のフルーティーな香り。

フレーバー ● カラメル、ダークチェリー、プラム、煙草の葉のようなフレーバー。

赤みがかったダークブラウン。

外観

フルボディ。濃厚でスパイシーさも感じられる味わい。

ボディ

香り

┌─── **DATA** ───

シメイ・ブルー
スタイル：トラピスト（上面発酵）
原料：　麦芽、ホップ、糖類
内容量：330 ㎖
度数：　9.0 %
生産：　スクールモン修道院

キレ

香り　　　コク

苦み　　　酸味

甘み

圏 日本ビール

〈主なラインナップ〉
・レッド
・ホワイト（トリプル）

　スクールモン修道院は、ブリュッセルから約2時間ほどのエノー州の南端に位置している。1850年に創設され、1862年にビールの醸造を開始した。

　第二次世界大戦で醸造が中断されるも、終戦後すぐにビールづくりの再開に取りかかった。その際、再醸造のコンサルタントとして、醸造学者のジャン・ド・クレルク教授を招き、彼と、当時の醸造主任だったテオドール神父によって、現在のシメイの味わいが確立された。

　トラピスト・ビールの中で最初に市販されたのがこのシメイで、現在もっとも多く市場に出回っている。修道院では、ビールのほかに5種類のチーズもつくっている。

　「ブルー」は3銘柄のうちで唯一ヴィンテージ（製造年）が入っており、味わいは年ごとに異なる。容量は4種類あり、750 ㎖以上のものは「グランド・レゼルヴ」と呼ばれる。

かつて農家でつくられていたさわやかなセゾン・ビール

Dupont

デュポン
セゾンデュポン

LABEL
4代目の現社長になってからラベルデザインが変更され、現在のシックなラベルに。デザインは社長の兄によるもの。

セゾンデュポンは、デュポン醸造所のメインの銘柄。セゾン・ビールの昔からの味わいを踏襲しているといわれている。

アロマ ● オレンジのような柑橘系の香り。バナナ、リンゴのようなフルーティーな香り。ハチミツの香り。ホップの特徴がよく出ており、スパイシーな香りや乳酸の香りも感じられる。
フレーバー ● アロマに加え、レモン、洋ナシの香りがある。

香り

外観

ややオレンジがかったゴールドで、ふくらみのある細かい泡がいつまでも持続する。

ボディ

ミディアムボディ。ホップの苦みとうまみ、酸味のバランスがよく、さわやかながら十分なボディを感じることができる。

◯ DATA

セゾンデュポン
スタイル：セゾン（上面発酵）
原料：　麦芽、ホップ、糖類、酵母
内容量：　330㎖
度数：　6.5％
生産：　デュポン醸造所

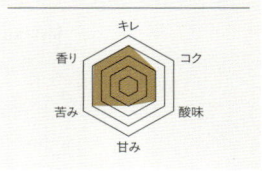
（キレ／香り／コク／苦み／酸味／甘み）

🏭 ブラッセルズ

〈主なラインナップ〉
・セゾンデュポン ビオロジーク
・モアネット ブロンド

Belgium

デュポン醸造所は、トゥルネーの東に位置するエノー州のトゥルプという小さな農村にある、古くからの中規模醸造農家。デュポン醸造所の初代ルイ・デュポンは、もともと農学者でカナダへの移住を望んでいた。それを思いとどまらせようとした彼の父が、セゾン・ビールとハチミツビールが評判の醸造農家を買ったのが始まり。それ以降、4世代にわたって、デュポン一族が醸造所を所有している。

ここでつくられているセゾン・ビールとは、もともとベルギー南部ワロン地方の伝統的な製法でつくられたビールの呼称。冷蔵技術が発達する前から、ワロン地方のエノー州、ナミュール州、リュクサンブール州などの小規模農家で、冬の間にビールを仕込んで夏まで貯蔵しておき、畑仕事で渇いたのどを潤していた。

セゾン・ビールをつくる醸造所の中でも、デュポン醸造所は昔からの伝統的な製法を踏襲する生産者といわれている。

伝統的な製法を守るランビック

Cantillon

カンティヨン
グース

LABEL
中央に有名な小便
小僧がビールをもっ
ている絵が描かれ
ている。左にある赤
い花はケシ。

カンティヨン・グースは、
年代の異なる3種類の
ランビックをブレンドし、
瓶内で二次発酵を行う。
食欲のないときや、リフ
レッシュしたいときなど
に最適の一本。

アロマ ● レモン、オレンジのようなフルーティーな香り。
香り
フレーバー ● 柑橘類の香りに、リンゴや酢の香りが混ざる。

外観
ややオレンジがかった明るいアンバー。

ボディ
ミディアムボディ。シャープな酸味に特徴がある、バランスのよい本格ランビック。

DATA

カンティヨン・グース
スタイル：ランビック（自然発酵）
原料：　麦芽、ホップ、小麦、酵母
内容量：375㎖
度数：　5.0%
生産：　カンティヨン醸造所

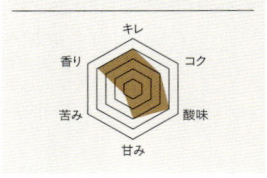

圏 小西酒造

〈**主なラインナップ**〉
・クリーク
・フランボワーズ

　カンティヨン醸造所は、1900年創業。国際列車ユーロスターも停車する国際駅、ブリュッセル・ミディ駅から徒歩10分ほどの場所にあり、「ブリュッセル・グース博物館」として観光の名所となっている。とても酸味の強い本格的なランビック・ビールをつくり続けており、どの製品もカンティヨンのものとすぐにわかるほど強烈な個性をもっている。特徴である酸味は、最初は驚くほど強く感じられるが、飲んでいくうちにやみつきになってしまうほどすばらしい味わい。

　1999年からは、無農薬認可を受けた原料を使用。ラベルに描かれたケシの花は、農薬を使っている土壌ではうまく栽培されない植物であるため、「無農薬」であることを意味し、「カンティヨン醸造所のビオビール」のシンボルマークとして使用されている。また同ブランドのグースとクリークは、オーガニック食品の認定機関である「Certisys」の認証を受けている。

ブルージュの町で唯一の醸造所がつくる、
フルーティーなスペシャル・ビール

De Halve Maan

ドゥ・ハルヴ・マーン
ブルッグス ゾット・ブロンド

LABEL

ゾットの物語にまつわる道化師の
絵。Brugse Zotの文字は、ブルー
ジュ出身の著名カリグラファー、
ブロディ・ノイエンシュヴァンダー
氏によるデザイン。

ドゥ・ハルヴ・マーン醸
造所のメインの銘柄。ブ
ルージュでつくられる唯
一の地ビールで、地元の
人々にも愛されている。

アロマ ● バナナ、リンゴ、洋ナシのようなフルーティーな香り。

香り

フレーバー ● フルーティーさと、フレッシュなホップの風味、やわらかな柑橘系の酸味が感じられる。

外観 輝きのある透き通ったゴールド。

ボディ ミディアムボディ。うまみと酸味のバランスがよく、スパイシーさもある味わい。

〈主なラインナップ〉
・ブルッグス ゾット・ダブル
・ストラッフェ
　ヘンドリック・トリプル
・ストラッフェ
　ヘンドリック・クアドルベル

DATA

ブルッグス ゾット・ブロンド
スタイル：スペシャル・ビール(上面発酵)
原料：　麦芽、ホップ、酵母
内容量：330 ㎖
度数：　6.0 %
生産：　ドゥ・ハルヴ・マーン醸造所

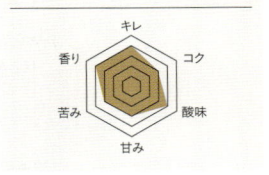

ワールドリカーインポータンズ

Belgium

　ドゥ・ハルヴ・マーン醸造所は、水の都ブルージュにある。2005年、3年間の醸造停止期間を経て、6世代目に当たるザヴィエル・ヴァネスタが醸造所を買い戻し、名前もかつてのドゥ・ハルヴ・マーン醸造所として醸造を再開。彼は独自のレシピを開発し、「ブルッグス ゾット」として販売を開始した。

　「ブルッグス ゾット」にはこんな物語がある。かつてブルージュにオーストリア大公マキシミリアンを迎え入れた際、人々は大公に新しい精神病院を建てるための資金援助を依頼するため、バカを真似た派手なパレードを行なった。すると皇帝は言った。「今日私はバカにしか会っていない。ブルージュの町こそ大きな精神病院だ!」。それ以来ブルージュの人々は「ブルッグス ゾット(ブルージュのバカ)」と呼ばれるようになった。

　醸造所は町の人々や観光客に解放され、見学コースやカフェはとてもにぎわっている。

ミツバチ女性のラベルが印象的な
伝統的ハチミツビール

Boelens

ボーレンス

ビーケン

LABEL

ミツバチの体をした女性
が描かれている。地元の
有名な画家によるもの。

ビーケンは、ボーレンス醸造所伝統
のレシピに沿ったハチミツ入りビー
ル。ほのかな苦みを感じる余韻は、サ
ラダ、フルーツなどのデザートともよ
く合う。

アロマ ● ハチミツや花のように華やかな香り。

香り

フレーバー ● やさしく甘い香りと、リンゴ、洋ナシ、パン、ハーブ、コショウなどの香り。

オレンジがかった明るいゴールド。やや濁りがある。

外観

ミディアムボディ。やわらかな甘みが主体だが、スパイシーさも感じられる。ボリュームがあり、甘みと苦みのバランスがとてもよいので、アルコール度数を感じさせない。

ボディ

DATA

ビーケン

スタイル：スペシャル・ビール（上面発酵）
原料：　麦芽、ホップ、ハチミツ、酵母
内容量：330 ㎖
度数：　8.5 ％
生産：　ボーレンス醸造所

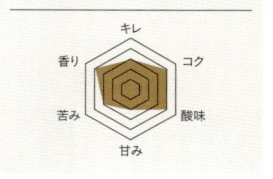

圖 木屋

〈主なラインナップ〉
・サンタビー（季節限定）

　ボーレンス一族は東フランデレン州のベルセーラで1800年代中ごろからすでに醸造を行なっていた。第一次世界大戦のため醸造停止に追いこまれたが、1970年代〜80年代にかけてベルギーでは古きよき時代のスペシャル・ビールへの回帰が盛んとなり、現のオーナーのクリスはなんとかして醸造業を再開したいと考えるようになった。一部の機器をステンレス製にするなど、EUやベルギーの新たな食品製造基準に見合う設備投資を行い、またベルギーの大学、醸造関係者などから多くの知見を得て、1915年以来停止していた醸造を1993年再開するに至った。

　努力の結果、1993年8月、初めて仕込まれた「ビーケン」はボーレンス醸造所伝統のレシピに沿ったハチミツ入りのビール。フラマン語で「小さなミツバチ」を意味する。男性が女性に何かを頼んだり、口説いたりするときの甘いささやきにも用いられる言葉だそう。

シャンパーニュと同じ独特の製法でつくられる高級ビール

Bosteels
ボステールス
デウス

LABEL
シャンパーニュをイメージしたようなボトルとラベルのデザイン。Brut des Flandres（ブリュット デ フランドール＝フランダースの辛口シャンパン）と書かれている。

シャンパーニュと同じ製法でつくられる高級ビール。とても複雑な工程を経てつくられる。

アロマ ● 花の香り、ミント、青リンゴ、ジンジャーなどのさわやかな香り。洋ナシ、カリン、アプリコットといった甘い果実の香り。

香り

フレーバー ● アロマそのままの、期待を裏切らないフレーバー。

外観

輝きのある、透き通ったゴールド。

ボディ

フルボディ。口に含むと強い発泡感があり、シャンパンに近い味わい。リンゴやクローブの香りが広がり、最後にくるアルコールからの辛みで余韻を長く楽しむことができる。

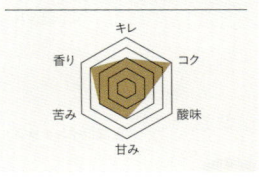

〈主なラインナップ〉
・パウエル クワック
・トリプル カルメリート

　ボステールス醸造所は、ブヘンハウトという小さな村にある。1791年にエヴァリスト・ボステールスによって設立され、以来7世代にわたって一族で醸造所を経営している。

　デウスはとても複雑な工程を経てつくられているビール。最初はベルギーで仕込み、一次発酵のあと、二次発酵ともいえる熟成を行う。その後フランスに運び、発酵用の糖分と酵母を加えてびん詰め。びんのなかで三次発酵を行い、数か月の熟成期間を経る。さらにその後、シャンパーニュと同じ独特の工程に移る。まずは動瓶（ルミアージュ）。びんを斜め下向きに傾けて並べ、毎日少しずつ回転させて徐々にボトルを立てていき、沈殿物を瓶口に集める。次に澱抜き（デゴルジュマン）を行う。瓶口を凍らせて仮の栓とともに沈殿物を取り除く。そして補酒（ドサージュ）。澱抜きで減った部分にリキュールを加え、最後にコルク栓をして完成する。

ラズベリーを漬けこんだ
上品な味わい

Boon

ブーン
フランボワーズ

DATA

ブーン・フランボワーズ	
スタイル：	フルーツエール（自然発酵）
原料：	麦芽、ホップ、小麦、木苺、糖類、酵母
内容量：	375㎖
度数：	5.0%
生産：	ブーン醸造所

圏 小西酒造

アロマ ● ラズベリーのいきいきとした香り。柑橘系の香り。
フレーバー ● 豊かなベリー感に、オークの香りが加わる。
香り

美しいピンク色で、きめ細かい泡立ち。
外観

ミディアムボディ。果実の甘さとランビックの酸味がすばらしく調和した味わい。
ボディ

〈主なラインナップ〉
・クリーク
・グース

LABEL
ボトルの肩の部分には果実の収穫年を表すヴィンテージ。フレッシュなラズベリーのイラストが描かれている。

　ブーン醸造所は「ランビック」という名前の由来になったともいわれる、ブリュッセルの南、レンベークにある。1978年に、フランク・ブーン氏が醸造所を買い取り、現在に至る。
　美しいピンク色の「ブーン・フランボワーズ」は甘酸っぱい味わいで、食前酒にもぴったり。

カシスのフルーティーさが
弾けるランビック

Lindemans
リンデマンス
カシス

DATA

リンデマンス・カシス

スタイル：	ランビック（自然発酵）
原料：	麦芽、小麦、果汁、ホップ
内容量：	250㎖
度数：	3.5%
生産：	リンデマンス醸造所

🏭 三井食品

アロマ ● まさにカシスそのままの香り。ブルーベリーや干しブドウのような香りもある。
フレーバー ● ブラックベリー、プラムのようなフルーティーなフレーバー。
香り

〈主なラインナップ〉
・アップル
・クリーク
・フランボワーズ
・ベシェリーゼ

外観 やや オレンジがかった濃いルビー色。

LABEL
ダークカラーを基調としたシックなラベル。中央にカシスの絵が描かれている。

ボディ ライトボディ。甘さは控えめで酸味とのバランスもよく、素直においしく飲めるフルーツビール。

リンデマンス醸造所は、辛口で酸味のある伝統的なランビックづくりのかたわら、甘く飲みやすいフルーツ・ランビックを醸造して成功を収めている。フルーツ・ランビックのシリーズは、アルコール度数も低く飲みやすいものが多い。ベルギービールの入門編としてもおすすめできる銘柄。

神聖ローマ皇帝にちなんだビール

Het Anker

ヘット・アンケル

グーデン・カロルス・クラシック

LABEL
神聖ローマ皇帝
カール5世を意
味するロゴ、そし
て絵が描かれて
いる。

ソフトな口当たりと、ワイン
のような温かみを兼ね備え
たビール。アルコールはや
や高め。

アロマ ● 干しブドウ、プラム、洋ナシのようなフルーティーな香り。ホップからの青草のような香り。ハチミツ、クローブ、カラメルのような香り。

香り

フレーバー ● トッフィー・キャンディやオレンジ、イチジク、チョコレートを思わせる香り。

赤みがかったダークブラウン。

外観

ミディアム〜フルボディ。甘みと酸味のバランスがよく複雑な味わい。

ボディ

DATA

グーデン・カロルス・クラシック
スタイル：スペシャル・ビール（上面発酵）
原料：麦芽、ホップ、糖類
内容量：330㎖
度数：8.5%
生産：ヘット・アンケル醸造所

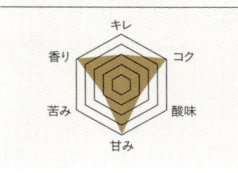

圏 小西酒造

〈主なラインナップ〉
・グーデン・カロルス・トリプル
・グーデン・カロルス・アンプリオ
・グーデン・カロルス・ホップシンヨール
・ボスクリ

　神聖ローマ皇帝カール5世に愛されたという伝統あるヘット・アンケル醸造所の代表作。ヘット・アンケル醸造所は、数々の国際的な品評会で受賞歴のある実力派。その歴史は1369年まで遡る。1873年にヴァン・ブレーダム家が買い取ると、近代的蒸気式醸造工程を取り入れた醸造所のひとつとして拡大。その後、5代目当主により醸造所の再生計画をスタート。

　現在では醸造所の見学のほか、パブやレストランが併設されたビール博物館や小さなホテル設備が利用できるようになり、一般客でにぎわう。現在も操業している醸造所としてはベルギー最古と言われている。

　醸造所はブリュッセルとアントウェルペンの中間、メッヘレンという町にある。町の中心に建つゴシック様式の聖ロンバウツ大聖堂は、カリヨン（ベル）の発祥地としても有名。

濃密で複雑な
ベルジャン・スタウト

Van den Bossche

ヴァン・デン・ボッシュ
ブファロ・ベルジャン スタウト

DATA	
ブファロ・ベルジャン スタウト	
スタイル：	スペシャル・ビール（上面発酵）
原料：	麦芽、ホップ、酵母
内容量：	330 mℓ
度数：	9.0%
生産：	ヴァン・デン・ボッシュ醸造所

圖 木屋

アロマ ● チョコレート、カラメル、コーヒーの焦げたようなこうばしい香り。ブラックチェリーや干しブドウ、ハチミツなどの甘く濃密な香りも。

フレーバー ● 柑橘系の酸味、ほのかな薫香、シナモンのようなスパイシーなフレーバー。

香り

赤みがかった濃いブラウン。

外観

フルボディ。複雑な味わいがある。後に心地よい苦みが長く続く。

ボディ

〈主なラインナップ〉
・パーテル リーヴェン・ヴィット
・パーテル リーヴェン・ブロンド
・ブファロ・ベルジャン ビター
・ケルストパーテル（季節限定）

LABEL
バッファロー・ビルの物語にちなんだサーカス団の絵が描かれている。

　ヴァン・デン・ボッシュ醸造所は、1897年、初代アーサー・ヴァン・デン・ボッシュが農場を購入した場所に設立した醸造所。現在は4世代目のブルーノ氏以下、親子で経営されている。ブファロは3アイテムのシリーズで、バッファロー・ビル（1846-1917）のサーカス団にちなんだ銘柄。

ホップの産地でつくられる、心地よい苦み

Leroy

ルロワ

ポペリンフス ホメルビール

〈主なラインナップ〉
・ホメルドライホッピング（樽生）
・キュヴェワトゥ（樽生）

LABEL

フラマン語でホップを意味する「ホメル」。地元のホップ畑の絵が描かれている。

DATA

ポペリンフスホメルビール
スタイル：ストロング・ゴールデン・エール（上面発酵）
原料：麦芽、ホップ、果糖、酵母
内容量：250mℓ
度数：7.5%
生産：ルロワ

圏 きんき

アロマ ● さわやかなホップの香り、コショウ、ミント、クローブのような香り。リンゴ、洋ナシ、バナナのようなフルーティーな香り。
（香り）

フレーバー ● フルーティーで複雑な香りの中に、ハチミツなどの甘さも感じる。

やや濁りのあるオレンジがかったゴールド。
（外観）

ミディアムボディ。ホップの苦みが効いているが、うまみもたっぷり感じられる。
（ボディ）

ルロワ（ファン エーケ）醸造所は、フランスとの国境あたり、西フランデレン州のポペリンへに近い、ワトゥにある。1629年に、地元領主の醸造所として設立された。「ポペリンフス ホメルビール」は、ホップの産地として有名な地元で収穫したホップをふんだんに使ったビール。

ブレンダーがつくる
魅力的なグーズ

De Cam

デ カム
オード グーズ

DATA

デ カム・オード グーズ

スタイル：ランビック（自然発酵）
原料：大麦麦芽、小麦麦芽、ホップ、酵母
内容量：750㎖
度数：6.0%
生産：デ カム（ブレンダー）

圖 木屋

アロマ ● レモン、グレープフルーツ、パイナップル、リンゴなどのフルーティーな香り。
フレーバー ● シャンパンのような刺激のなかで、香りが上品に混ざり合う。

香り

外観
オレンジがかったやや濃いめのゴールド。

ボディ
ミディアムボディ。レモンのようなさわやかさがある、やわらかな酸味。

〈主なラインナップ〉
・オード・クリーク
・フランボワーズ
・トロースベッス

LABEL
3つのハンマーはデ カムのマーク。1700年代、醸造を開始した時からこのマークを使用。現在では村のマークにもなっている。

数少ないグーズ・ブレンダーのひとつ。1997年に設立され、2002年からはカレル・ゴドー氏が引き継いでいる。ブレンドに使われるランビックは、ブーン、ジラルダン、リンデマンス各醸造所のもの。デ カムの評価は上がっており、少量生産ということもあってベルギー国内でも入手困難な状況になっている。

ブルゴーニュ女公に
ちなんだビール

Verhaeghe
ヴェルハーゲ
ドゥシャス・デ・ブルゴーニュ

〔DATA〕
ドゥシャス・デ・ブルゴーニュ
スタイル：フランダース・レッドエール（上面発酵）
原料：麦芽、ホップ、小麦、糖類
内容量：330㎖
度数：6.2%
生産：ヴェルハーゲ醸造所

🅟 小西酒造

アロマ ● 酸味を感じさせる香り。ブラックチェリーやパッションフルーツのような複雑な香り。
フレーバー ● リンゴ、洋ナシ、カラメル、オークの香りもある。

香り

赤みがかったダークブラウン。

外観

ミディアムボディ。香りから想像されるほどの酸っぱさはなく、酸味と甘みのバランスがとてもよい。ボリューム豊かで、複雑な味わいをもった一本。

ボディ

〈主なラインナップ〉
・エヒテ・クリーケンビール

LABEL
後の神聖ローマ皇帝マクシミリアン1世の妻、ブルゴーニュ公国公女マリーの肖像画が描かれている。領民たちから「美しき姫君」「我らのお姫さま」と慕われていたという。

フランス語で「ブルゴーニュ公国の女公（女君主）」という意味。ブルージュで生まれたブルゴーニュのシャルル突進公の娘、マリーにちなんだ名前で、ラベルにはその肖像が描かれている。オーク樽で18か月間熟成したビールと、8か月間熟成した若いビールをブレンドしてつくられている。

99

オーク樽で熟成させる甘酸っぱいレッドビールの代表銘柄

Rodenbach

ローデンバッハ

クラシック

LABEL
ビールの特徴であるRED RIPENED REFRESHINGの文言が書いてあり、その頭文字の赤い"R"が目立つように描かれている。

「ローデンバッハクラシック」は、醸造所のレギュラー商品。5〜6週間寝かせた若いビール4分の3と、2年以上熟成させたビール4分の1をブレンドしてつくられる。

香り

アロマ・フレーバー ● パッションフルーツ、ラズベリー、リンゴのような香り。

フレーバー ● フルーティーな酸味のある香り。チェリー、干しブドウ、オークの香りがある。

外観

赤みがかったブラウン。

ボディ

ミディアムボディ。甘酸っぱくさわやかな味わいで、のどの渇きを癒すのに最適。

DATA

ローデンバッハ・クラシック

スタイル：フランダース・レッドエール（上面発酵）

原料：	麦芽、ホップ、コーン、糖類
内容量：	250㎖
度数：	5.2%
生産：	ローデンバッハ醸造所

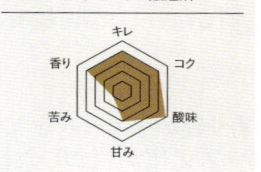

圏 小西酒造

〈主なラインナップ〉
・ローデンバッハ・グランクリュ

　ローデンバッハ醸造所は1821年、創業者となるアレキサンダー・ローデンバッハら4人の兄弟が、現在の場所にあった小さな醸造所を買い取ったのが始まり。1878年に当主となった、エージェーン・ローデンバッハはイギリス南部でポーターの醸造技術を学び、オーク樽でビールを熟成させブレンドする技術を学んだ。このことが今日のローデンバッハの味わいの礎を築いた。

　ローデンバッハに代表されるレッドエールの特徴は、発酵後、大きな木製の樽で長期間熟成させること。樽は一番小さなものでも12㎘、大きいものは65㎘もの容量がある。醸造所内の樽貯蔵庫には天井まで届くほどの巨大なオーク樽が300近く並ぶ。この樽で熟成することによって、カラメル、タンニンなどの味わいや、乳酸菌による酸味など特徴ある味わいが与えられる。

イギリス アイルランド

UNITED KINGDOM IRELAND

香り豊かなエールを楽しむ
パブ文化が根づいた国

　イギリス・アイルランドのビールといえば、エールが一般的です。エールとは上面発酵酵母でつくられたビールの総称で、下面発酵酵母でつくられる爽快な香りのラガーとは違った華やかな香りが特徴。スタイルによっても異なりますが、一般に9℃から常温が香りを楽しめる適温といわれています。

　イギリス・アイルランドで飲まれているエールにもいくつか種類があり、代表的なスタイルはペールエール、ブラウンエール、ポーターです。

　ペールエールは、イングランドのバートン・オン・トレント発祥のスタイルで、イギリス産ホップの紅茶やリンゴのような香りが特徴。それまで主流だった濃い色のビールとは異なる淡い色合いで人気になりました。そのペールエールに対抗してつくられたの

が、ニューキャッスル発祥のブラウンエールです。ペールエールに比べホップの香りや苦みは少なく、モルトの甘さやこうばしさが楽しめます。そして、ペールエールとブラウンエールを混ぜたスリースレッドといわれるビールを再現したものがポーター。現在は、色の黒いロブスト・ポーターが主流となっています。

　また、アイルランドでは、ローストした大麦を使用し、コーヒーのような苦みのあるスタウトや赤みを帯びた色合いのレッドエールが人気のスタイルです。

　イギリス・アイルランドのビールは全体的にやさしい味わいのものと、ロースト感、アルコール感のあるしっとりとしたものがあり、ゆっくりと会話を楽しみながら飲むには最適のビールです。

UNITED KINGDOM, IRELAND
AREA MAP
エリアマップ

各地の代表的なビール

アイルランド
ダブリン

ギネス
ドラフトギネス

アイルランド発祥で、今や世界で最も有名なブランドのひとつとなったギネスのスタウト。1759年から現在まで変わらず世界中で愛されている。

アイルランド
コーク

マーフィーズ
アイリッシュスタウト

アイルランドではギネスと並ぶほどの人気。同じスタウトのギネスよりもマイルドでフルーティーな香りが楽しめる。

イギリス
スコットランド

トラクエア
ジャコバイトエール

スコットランドのもっとも古い醸
造所であるトラクエアハウスで、
18世紀の醸造設備を使ってつく
られている。コリアンダーのスパ
イシーさが香るスコッチエール。

イギリス
ニューキャッスル

ニューキャッスル・
ブラウンエール

人気のあったペールエールに対
抗し、ニューキャッスルでつくら
れたモルトのキャラクターを生か
したブラウンエール。透明のボト
ルに入っているのが特徴。

イギリス
ロンドン

フラーズ
ロンドン プライド

ロンドン西部チズウィック
で350年以上続くフ
ラーズ。今では世界各
国に輸出するほどの規
模に。「ロンドン プライ
ド」はペールエールの
代表的存在。

STYLE
イギリス/アイルランドの主なスタイル

エール（上面発酵）
ALE

🇬🇧 イギリス

イングリッシュスタイル・ペールエール

バートン・オン・トレントで生まれた黄金色から銅色の中濃色
ビール。刈草やアイスティーのような香りのイギリス産ホップを使
用している。フルーティーなアロマと苦みが印象的。

イングリッシュスタイル・IPA

IPAとはインディアペールエールの略。イギリスからインドに船
でビールを送っていた時代、腐敗防止のために大量にホップ
を入れたため、香りや苦みのキャラクターが際立ったビールが
生まれた。

イングリッシュ・ビター

イギリスのパブで一般的に飲まれている辛口ビール。イギリス
でエールといえば、このスタイルをさすほどの知名度。生産地に

よって特質が細かく区別されている。

イングリッシュスタイル・ブラウンエール

ニューキャッスルという街で生まれた茶色のビール。アルコール度数も比較的弱め。ペールエールの苦みに対抗してつくられたこともあり、ホップの苦みは弱く、モルトの風味がはっきりしている。

ESB

エクストラ・スペシャル・ビターの略。ペールエールの苦みを強調したビールだが、IPAほど強烈ではないので安心して飲める。麦芽の甘みを強めて苦みとのバランスをとっている。

ポーター

18世紀初めロンドンで流行っていたブレンドビールを手本にして生まれた。荷運び人（ポーター）に好まれたためこの名前になったといわれている。

スコッチエール

スコットランドでつくられるアルコール度数6.2〜8.5％のエール。フルーティーなエステル香とやや強めの苦み、カラメル風の甘みがある。

スコティッシュエール

スコットランドで飲まれているビール。アルコール度数3.0〜
3.5%程度なので飲み疲れない。

インペリアルスタウト

スタウトが進化しアルコール度数やホップのキャラクター、フ
ルーティーな香りが強くなったもの。ロシア皇室に送られていたこ
とからインペリアルと呼ばれるようになった。

バーレイワイン

アルコール度数8.5〜12.0%以上と、非常に強いエールのこと
をいう大麦ワイン。黄褐色〜暗褐色のフルボディ。

アイルランド

アイリッシュスタイル・
ドライスタウト

ポーターをアーサー・ギネスが改良してつくった黒色ビール。麦
芽化していない大麦を焦がして使ったため、苦みが増し、色も黒
くなった。

アイリッシュスタイル・レッドエール

アイルランドで古くから楽しまれている赤みを帯びた色合いの
ビール。アルコール度数4.0％台のかろやかなビール。

イギリスやアイルランドでは、ビールをパブで飲む習慣
が根づいています。パブとはパブリックハウスの略で、
日本でのパブのイメージとは異なり、社交場のような場
所です。

パブは街のいたるところにあり、フィッシュアンドチッ
プスのような簡単な食事とともに、ビールを味わいま
す。まわりの人たちとの会話を楽しみながら、1パイント
（UKパイント＝568ml）のビールを時間をかけてゆっ
たりと味わうのがパブの楽しみ方。ビールメーカーが
経営しているパブも数多くあります。

そして、パブの醍醐味ともいえるのが樽内で二次発酵
させるカスクコンディション（リアルエール）のビール
です。イギリスでは多くのパブで気軽にカスクコンディ
ションのビールを飲むことができます。炭酸ガスを加え
ないまろやかでやさしい味わいのカスクコンディション
は、パブ側の熟練した管理技術を必要とします。まさに
イギリスならではのビールです。

350年以上続くロンドン最古の醸造所で生産

Fuller's

フラーズ

ロンドン プライド

LABEL
ラベル上部に描かれたグリフィンがフラーズのトレードマーク。原料の麦とホップも描かれている。

ターゲット、チャレンジャー、ノースダウンの英国産ホップ3種を使用。ホップとモルトのバランスが優しい味わいに仕上げている。

アロマ ● グレープフルーツのような柑橘系のほのかな香り。上品な紅茶の香りも漂う。
香り

フレーバー ● カラメルや焼きたてのパンを思わせるフレーバー。ローストしたモルトのこうばしさも感じられる。

外観
濁りのない明るい銅色。泡はかすかにクリーム色がかっている。

ボディ
ミディアム。ほどよいモルトの甘みがのど通りもよく、スムーズに飲める。

DATA

フラーズ ロンドン プライド

スタイル	イングリッシュスタイル・ペールエール（上面発酵）
原料	麦芽、ホップ
内容量	330 ㎖
度数	4.7 %
生産	フラー・スミス・アンド・ターナー社

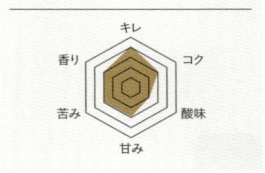

閏 アイコン・ユーロパブ

United Kingdom, Ireland

「ロンドン プライド」をつくるフラー・スミス・アンド・ターナー社は、ジョン・バード・フラー、ヘンリー・スミス、ジョン・ターナーの3人が、ロンドン西部テムズ川沿いのチズウィックにて設立。創業は1845年だが、前身はチズウィックで350年以上前からビールをつくっていた醸造所までさかのぼる。家族経営から始まった小さな醸造所は、現在では世界各国にビールを輸出し、イギリス国内で約360軒ものパブやホテルを経営するほどになっている。

どのビールも評価は高いが、なかでも「ロンドン プライド」は、イギリスでもっとも人気のあるプレミアムエールの1つ。毎年8月にロンドンで開催される「CAMRA（カムラ）Champion Beer of Britain」など、世界中のビールコンテストで多くの受賞歴をもつ。

ロゴには酒のかめを守るとされている伝説上の生物「グリフィン」が描かれ、ロンドン市民からも「グリフィンブルワリー」と呼ばれ親しまれている。

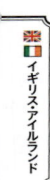

ほろ苦い味わいは
スイーツとの相性も抜群

Fuller's

フラーズ
ロンドン ポーター

（DATA）

フラーズ ロンドン ポーター

スタイル：	ポーター（上面発酵）
原料：	麦芽、ホップ
内容量：	330ml
度数：	5.5%
生産：	フラー・スミス・アンド・ターナー社

圏 アイコン・ユーロパブ

アロマ ● チョコレートモルト由来のコーヒーやチョコレートを連想させる香り。
香り
フレーバー ● コーヒーを思わせるほろ苦い香りが強く、カラメル香の甘さもある。

外観
チョコレートのように黒く、泡はやや茶色がかっている。

ボディ
ミディアム。やや重めの印象はあるが、なめらかな口当たりで飲みやすい。

LABEL
モルトのリッチな苦みを思わせる色使い。ポーター（荷運び人）が描かれている。

　ポーターのお手本のようなビール。クリーミーな味わいは、ブラウンモルト、クリスタルモルト、チョコレートモルトの3種のモルトのブレンドによるもの。ホップは英国産ファグルホップを使用している。チョコレートやデザートに合わせてもよい。

イギリスの代表的ESB

Fuller's

フラーズ

ESB

◯DATA

フラーズ ESB（イーエスビー）
スタイル：ESB（上面発酵）
原料：　麦芽、ホップ
内容量：330㎖
度数：　6.0％
生産：　フラー・スミス・アンド・ターナー社

箇 アイコン・ユーロパブ

United Kingdom, Ireland

アロマ ● チェリーやオレンジの香りが感じられる。モルトとカラメルの甘い香りも。
フレーバー ● グレープフルーツ、オレンジ、レモンの柑橘系の香りと草の香りが入り混じる。

香り

濁りはなくやや濃いめの銅色をしている。泡はクリーム色。

外観

フルボディ。苦みとのバランスを取るため、コクのある強めのボディに仕上げている。

ボディ

LABEL
力強い「ESB」の文字。メダルのイラストとともに「Voted Britain's Best」と書かれている。

　フラーズの「ESB（Extra Special Bitter／極上の苦み）」は、名前の通り強い苦みが特徴的なビール。とはいえ突出した苦みははなく、カラメルの甘い香りやビスケットを思わせるモルトのフレーバーが、ふくよかな味わいに仕上げている。

オーク樽で熟成させたオーガニックエール

Samuel Smith

サミエルスミス

オーガニックペールエール

オーク樽で熟成させたまろ
やかな味わいと酸味が特
徴。飲みごろの温度は11℃
がおすすめ。グラスから漂う
甘い香りを一番楽しむこと
ができる。

LABEL
ラベルの上部には
1896年に受賞した
ゴールドメダルのイ
ラスト。長い歴史を
感じさせる。

アロマ ● カラメルのような甘い香りから、ほのかにストロベリーのような甘酸っぱさを。

（香り）

フレーバー ● ローストしたモルトの風味が漂い、熟成させた赤ワインに近い香りがある。

透き通ったブラウン。泡も薄い茶色でペールエールのなかでは濃いめの印象。泡もちはよい。

（外観）

フルボディ。飲んだ瞬間に感じる酸味が重すぎないボディに仕上げている。

（ボディ）

〈主なラインナップ〉
・オーガニックラガー
・オートミールスタウト
・タディーポーター

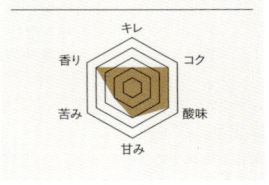

DATA

サミエルスミス・オーガニックペールエール

スタイル：イングリッシュスタイル・ペールエール（上面発酵）
原料：麦芽、ホップ
内容量：355㎖
度数：5.0%
生産：サミエルスミス・オールドブルワリー

（レーダーチャート：キレ、コク、酸味、甘み、苦み、香り）

🏠 日本ビール

　サミエルスミスは、イギリス北部ヨークシャーのタドキャスターにある醸造所でつくられている。設立は1758年。ヨークシャーでは最古の醸造所といわれている。設立当時に掘られた深さ85フィート（約26メートル）の井戸があり、いまでもその井戸の水（硬水）を醸造に使用。発酵に使われている酵母も、19世紀から同じ種類の酵母が使われ続けている。また、発酵は「ストーンヨークシャースクエア」という石でできた発酵槽を使って行なっているなど、伝統的な醸造方法を守り続けている数少ない醸造所のひとつ。地元では農耕馬の馬車が配達に使われることもあり、伝統は醸造方法だけでなく配達方法にまで息づく。

　「サミエルスミス・オーガニックペールエール」は、その名の通りオーガニックな素材がこだわりのビール。もちろんほかのビールも人工甘味料や香料、着色料などは一切使用していない。何からまで古きよきビールである。

ゴルフ発祥の地で売られる唯一のビール

Belhaven

ベルヘブン

セントアンドリュースエール

LABEL
セントアンドリュースの名を冠していることから、ゴルフにちなんでかわいらしいゴルファーが描かれている。

麦芽の香ばしさと甘みを存分に味わえるビール。上品な口当たりがどこか紳士的。ゴルフをたしなむ人に飲んでもらいたい。

香り **アロマ** ● フルーティーなホップの香りが続く。かすかにスパイシーさも感じる。
フレーバー ● ローストモルトとカラメルのフレーバー。やや酸味のあるフルーティーな香りもある。

外観 ローストモルトによる濃いめの銅色。泡はややクリームがかっており、きめ細かい。

ボディ ミディアム。しっかりしたコクがあり、モルトの甘みをじっくり堪能できる。

DATA

セントアンドリュースエール
スタイル：スコティッシュエール（上面発酵）

原料：　麦芽、ホップ
内容量：355㎖
度数：　4.6％
生産：　ベルヘブン醸造所

🇬🇧 United Kingdom, Ireland 🇮🇪

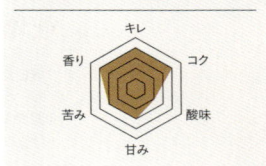

🏴 日本ビール

14世紀にベネディクト会の修道士がスコットランドで創業したという記録が残っているベルヘブン。現在でも、当時の井戸から取水して使用している。ゴルフ発祥の地であり、ゴルファーの聖地ともいえるセントアンドリュースの名前を冠する。セントアンドリュースにあるクラブハウスで販売されている唯一のビール。

スコットランドの素晴らしい発明のひとつであるゴルフにインスパイアされて誕生したといわれている。ゴルフのゲームのように、このビールもシンプルさと完璧なバランスを兼ね備える。

ビスケットモルトとフルーティーでスパイシーなホップのバランスが良好。酸味が弱く、スムースな飲み口ですっきり飲めるビール。ゴクゴクと飲めてしまいそうなので、ゴルフのコースを回ったあとに思いきって飲み干したい気持ちにさせてくれる。

モルトの味わいを楽しむイギリスNo.1エール

Newcastle Brown Ale

ニューキャッスル・ブラウンエール

LABEL
中央にある大きな
青い星は、1928年の
ビール博覧会での金
賞受賞を記念してつ
けられたもの。

ローストモルトの甘みが楽し
めるビール。カラメルのよう
な甘みの後には酸味とコー
ヒーのような苦みがほのか
に残る。

アロマ ● モルト由来の甘い香り。ペールエールのようなホップの香りはあまり感じられない。

香り

フレーバー ● カラメル香やナッツのようなこうばしさ。フルーティーな香りも漂う。

外観

ローストしたモルトからくるブラウンが特徴。濃い色のボディに白い泡のコントラストが美しい。

ミディアム。ローストしたモルトの甘みが心地よい。スムーズなのどごし。

ボディ

DATA

ニューキャッスル・ブラウンエール

スタイル：イングリッシュスタイル・ブラウンエール（上面発酵）

原料：麦芽、ホップ、小麦、糖類、カラメル

内容量：330㎖

度数：5.0%

生産：ハイネケンインターナショナル

United Kingdom, Ireland

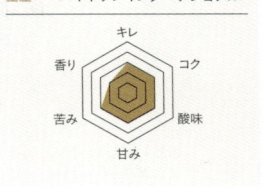

撮 アイコン・ユーロパブ

イギリスのエールの中で一番売れているという「ニューキャッスル・ブラウンエール」。1925年にJ.ポーター大佐によってイングランド北東部のニューキャッスルで誕生した。ブラウンエールは、20世紀初頭、イギリスで人気のあったペールエールに対抗してつくられたともいわれている。現在はハイネケンインターナショナルが取り扱っており、世界40か国以上で飲まれている。

透明なびんに入っているため、美しい琥珀色がはっきりわかるが、保管状態には注意したい。ビールは紫外線にあたるとホップが劣化して不快なにおいを放つようになってしまうが、透明なびんは紫外線を遮ることができない。品質のよいものを飲むためには、購入後も光にあてないように管理しておきたい。

ホップがしっかりしているペールエールとは対照的で、ホップの香りは弱め。尖った味わいはないので、後味もくどくなく、すっきりと飲める。

戦闘機の名前が由来のプレミアムビール

Shepherd Neame

シェパードニーム

スピットファイアー

LABEL
イギリス国旗を
思わせる色使
い。ケント州で
つくられており
「Kentish Ale」
と書かれている。

ほどよい苦みと香り。
イングリッシュエー
ルが苦手と感じる人
でも、すっきり味わえ
るビール。

アロマ ● スパイシーでハーブのようなホップの香りを感じる。

フレーバー ● スパイシーさを感じるが、その後に優しいシトラス香が漂う。

香り

外観

透明なボトルからもわかる透き通った琥珀色。泡にもわずかに琥珀色が混じる。

ボディ

ミディアム。モルト感あふれる味わいにスパイシーなホップが加わり、ドライな印象も。

〈DATA〉

スピットファイアー

スタイル：イングリッシュスタイル・ペールエール（上面発酵）
原料：　麦芽、ホップ、糖類
内容量：500㎖
度数：　4.5%
生産：　シェパードニーム醸造所

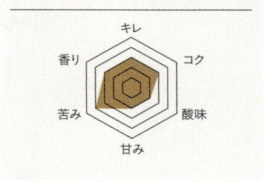

圖 小西酒造

〈主なラインナップ〉
・ビショップフィンガー

　シェパードニームは、1698年に設立されたイギリス最古の醸造所で、ロンドンの南東のケント州の中心に位置する。ケント州は、ホップの生産で有名な地。そのため、地元原産のホップを使用している。1698年以来独自の伝統を守り、上質なエールビールを作り続ける。

　現在では、イギリス南東部を中心に400軒以上のブリティッシュパブで愛されるビール。現在行われているブルワリーツアーでは、醸造所内の井戸から湧き出る天然水の試飲などが体験できるそう。「スピットファイアー」は、バトルオブブリテン50周年を記念してつくられた。第二次世界大戦中に、ケント州の上空でドイツ空軍機と戦った戦闘機の名前が由来となっている。

　モルトの風味とホップのアロマが特徴的。口に含むと、まず麦芽の苦みと甘みが広がり、やがてホップの苦みに移り変わる。

おとぎの国のハイクオリティ・ビール

Wychwood

ウィッチウッド

ホブゴブリン

LABEL

絵本から飛び出てきたようなデザイン。中世ヨーロッパの妖精であるホブゴブリンが描かれている。

モルトの甘みからフルーティーな酸味を感じ、最後に洋ナシに似た風味も残る。すべての素材の調和がとれた味わい。

香り

アロマ ● 熟した果実のような香りとビターチョコレートを思わせる香りが複雑に混じり合う。

フレーバー ● シトラスの香りが感じられる。ビスケットやパンに似たフレーバーも。

外観

濁りのない濃い茶色。きめ細かくクリーミーな泡ができる。

ボディ

フルボディ。しっかりしたモルトを感じるが、酸味もあり重さはそれほど感じない。

〈主なラインナップ〉
・ウィッチクラフト
・ゴライアス

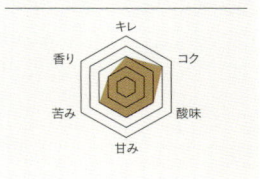

DATA

ホブゴブリン
スタイル：ダークエール（上面発酵）
原料：　麦芽、ホップ
内容量：330㎖
度数：　5.0％
生産：　マーストンズ

（レーダーチャート：キレ／コク／酸味／甘み／苦み／香り）

📷 アイコン・ユーロパブ

ウィッチウッドブルワリーの起源は1841年につくられた小さな醸造所までさかのぼることができる。イーグルブルワリーという名前の時期もあったが、1990年に現在の名称に変更した。魔女が醸造所のトレードマークになっており、おとぎ話のイメージが随所に現れている。キャラクターとしては、ホブゴブリンがフラッグシップであるためこちらが有名。

「ホブゴブリン」は1996年につくられた比較的新しいビール。モルトは、ペールモルトとクリスタルモルトにチョコレートモルトを少量使用している。ホップは、ファグルホップによるビターな味わい、ゴールディングホップによるシトラスの香りをもたらしている。これらの素材によって、ルビービールともいわれる色合いとバランスのとれた風味をつくり出し、発売後すぐに人気商品となった。

日本にもホブゴブリン・パブ＆レストランがあり、「ホブゴブリン」が飲めるだけでなくブリティッシュスタイルの料理も味わえる。

さわやかさを感じる
ブロンドエール

Harviestoun

ハービストン
ビター＆ツイステッド

DATA

ビター＆ツイステッド

スタイル：	ブロンドエール（上面発酵）
原料：	麦芽、ホップ
内容量：	330㎖
度数：	4.2%
生産：	ハービストン醸造所

圓 ウィスク・イー

〈**主なラインナップ**〉
・オールドエンジンオイル
・シェハリオン

アロマ ● レモンやグレープフルーツのようなさわやかな香り。

香り

フレーバー ● モルトの甘いフレーバーとレモンの香りが口中に広がる。

「Blond Beer」とラベルに書かれている通りきれいなブロンド。泡は純白。

外観

ミディアム。しっかりしたコクがあり、モルトの甘みをじっくり堪能できる。

ボディ

LABEL
ホップを背にして腰に手を当てたかわいいネズミが、ハービストンのトレードマーク。

　スコットランドのハイランド地方アルバで創業したハービストンブルワリー。ビターレモンのさわやかな香りが特徴の「ビター＆ツイステッド」が、WBA（ワールドビアアワード）でワールドベストエールを受賞するなど、多くの受賞歴を誇る。

スコットランド最高の
エールのひとつ

Traquair
トラクエア
ジャコバイトエール

(DATA)
**トラクエア
ジャコバイトエール**
スタイル：スコッチエール（上面発酵）
原料：　麦芽、ホップ、コリアンダー
内容量：330㎖
度数：　8.0％
生産：　トラクエア醸造所

問 廣島

〈主なラインナップ〉
・トラクエア ハウスエール

アロマ ● ローストモルトの香り
と紅茶やリンゴのような香りも
漂う。
香り

フレーバー ● 柑橘系の香りや
コリアンダーによるスパイシー
なフレーバーも。

黒く光をほとんど通さない。真っ
白ではないがややくすんだ白い
外観 泡との対比が楽しい。

フルボディ。アルコールも感じ
るので、ゆっくり味わいながら飲
ボディ みたい。

LABEL
スコットランドの花
であるアザミが描か
れている。1745年
は名誉革命に対す
る反革命勢力・ジャ
コバイトの反乱が
あった年。

　「トラクエア ジャコバイト
エール」は、スコットランドにあ
るもっとも古い醸造所であるト
ラクエアハウスでつくられてい
る。1965年に発見された18
世紀の醸造設備を使って醸造
しており、スコッチエールのな
かでも最高のものとされている。

125

シトラスの香り漂うホッピーなIPA

BrewDog

ブリュードッグ

パンクIPA

LABEL

伝統的なビールとは違ったアーティスティックな力強いデザインが特徴。銘柄によって色が異なる。

モルトはマリスオッター、ホップはネルソン・ソーヴィン、シムコーなどを使用。モルトの甘みとともにホップの苦みが口中に広がる。

アロマ ● 注いだ瞬間にグレープフルーツなどを思わせる柑橘系の香りが広がる。

香り

フレーバー ● グレープフルーツやオレンジの白い皮を連想させるフレーバーが鼻から抜ける。

外観

透き通った銅色のボディ。泡立ちがよく、いつまでも残る。

ボディ

ミディアム。ホップによる苦みとのバランスを取るため、ある程度ボディを強くしている。

〈主なラインナップ〉
・5A.M. セイント
・デッドポニークラブ
・ジェットブラックハート

DATA

パンクIPA
スタイル：イングリッシュスタイル・IPA（上面発酵）
原料： 麦芽、ホップ
内容量： 330㎖
度数： 5.6％
生産： ブリュードッグ醸造所

レーダーチャート：キレ、コク、酸味、甘み、苦み、香り

圏 ウィスク・イー

　伝統的なブルワリーが多く残るイギリスにあって、2007年創業と新しい醸造所のブリュードッグ。ビール好きのジェームズ・ワットとマーティン・ディッキーの2人がスコットランド北東部のフレザーバラで立ち上げ、商業主義的なビールに対抗し品質にこだわったビールをつくり出している。「パンクIPA」や「デッドポニークラブ」など、ネーミングもユニーク。落ち着いた味わいが多いイギリスのビールのなかで、そのユニークなビールはすぐに世界でも人気になる。その後も成長を続け、2010年にアバディーンに初のオフィシャルバーをオープンし、現在46店舗を展開している。

　「パンクIPA」はブリュードッグの代表的なビールで、大手スーパーマーケットTESCOのドリンクアワードを受賞。その他の銘柄でも、ワールドビアカップやワールドビアアワードで受賞している。

小規模醸造所でつくる
オーガニックなビール

Black Isle

ブラックアイル
ゴールデンアイペールエール

⟨DATA⟩

ブラックアイル
ゴールデンアイペールエール
スタイル：イングリッシュスタイル・ペール
エール（上面発酵）
原料：麦芽、ホップ、小麦
内容量：330㎖
度数：5.6％
生産：ブラックアイル

圏 キムラ

〈主なラインナップ〉
・レッドカイトエール
・ブロンドラガー
・ポーター
・スコッチエール
・ハイパー・オート
　ミールスタウト

LABEL

スコットランドの国花「ア
ザミ」を模したデザイン。
スタイルによって中央の
丸の色が変わる。

香り
アロマ ● ライムのような柑橘系
の香りがふわっと香る。

フレーバー ● 柑橘系の香りに
加え、ベリー系の香りも感じら
れる。

外観
透き通ったゴールドが美しい。
うっすらとクリーム色をした泡
はあまりもちがよくない。

ボディ
ミディアム。小麦を使用するこ
とによってかろやかな味わいに。

　1998年創業のブラックアイ
ルブルワリーは、スコットランド
の小規模醸造所。上質なオー
ガニックビールをつくっている。
「ゴールデンアイペールエー
ル」は、クリスタルモルトと小麦
をブレンドし、モルトの甘みとか
すかな酸味でリッチな味わい。

ビア・バーの楽しみ方

　世界のビア・バーにはいくつかの種類があります。

　たとえば、イギリスやアイルランドでは**「パブ」**と呼ばれる酒場がその代表です。パブはパブリックハウスの略で、近隣の公共の場、寄り合う場所といったニュアンスがあることからもわかるように、客層は地元の常連がほとんどです。注文と支払方法は**キャッシュオンデリバリー**（カウンターで注文し、商品と引き換えにお金をそのつど払う）が一般的です。英国ではグループで行った際、1杯目はひとりが全員分、2杯目は別の誰かが全員分と順番に払っていき、人数分の杯数を飲んで帳尻を合わすという**バイイング・アラウンド**と呼ばれる習慣があります。以前は上流階級はソファー席に、労働者階級はカウンターにという棲み分けもありましたが、現在はどこに座っても問題はありません。

　ドイツやチェコでは、グラスやジョッキが空になったら（注文をしなくても）ウェイターがどんどんおかわりをもってくる店があります。その際コースターに線を書きこんでいきます。ラインが何本入っているかで何杯飲んだかがわかるというシステムです。

　そのため、途中で勝手にコースターを変えたりすると、ズルをしたと思われるので要注意です。コースターをジョッキの上に乗せれば「おかわりは、いりません」という合図になります。

イギリス・アイルランド

誰もが思い浮かべる黒ビールの定番

Guinness

ギネス

ドラフトギネス

きめ細やかでクリーミィ
な泡。深いコクとなめら
かな喉ごし

LABEL

ギネスが持つ歴史、
伝統、クラフト精神
を印象的に表現した
パッケージ。

アロマ ● チョコレートのような香りや香ばしさが感じられる。

香り

フレーバー ● ローストされた大麦がコーヒーのような香りをもたらしている。ややスモーク感もある。

外観

黒いビールの代名詞的存在になった、黒いボディとクリーミーな泡。見ただけでギネスだとわかる。

ボディ

ミディアム。色から想像するほど重くなく、ドライな印象もあり飲みやすい。

DATA

ドラフトギネス

スタイル：アイリッシュスタイル・ドライスタウト（上面発酵）
原料：　麦芽、ホップ、大麦
内容量：330㎖
度数：　4.5％
生産：　ディアジオ社

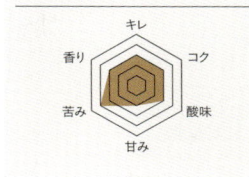

🔲 キリンビール

　「黒ビール」といえば真っ先に思い浮かぶほど有名なギネス。1759年にアーサー・ギネスがつくり出し、世界中で人気になった。この黒さはローストした大麦によるもの。また、クリーミーな泡もギネスの特徴だが、これは窒素によるもの。完璧にギネスを注ぐには、注いですぐには飲まず、泡が落ち着くまで待つ必要がある。泡がつくり上げられるのを見ている時間も、ギネスの楽しさである。

　世界中どこでも飲めるビールともいえるが、見ためは同じようでもアルコール度数4.0〜8.0％程度のものまでさまざまな種類があり、日本では飲めないギネスもある。日本では缶入りのギネスもあり、缶のなかに入っているフローティング・ウィジェット（球状のカプセル）によって、パブで飲むギネスと同じような泡をつくり出せるようになっている。

アイリッシュ・レッドエールの
代表的ビール

Kilkenny

キルケニー

DATA

キルケニー
スタイル： アイリッシュスタイル・レッドエール（上面発酵）
原料： 麦芽、ホップ、大麦
内容量： 15ℓ樽詰
度数： 4.5%
生産： ディアジオ社

圏 キリンビール

アロマ ● フルーティーな香りが感じられるが、あまり強くない。

フレーバー ● モルトによる甘みを感じる香り。ホップの香りも控えめ。

香り

外観 きめ細かい白い泡とカラメルモルトによる赤いボディのコントラストが美しい。

ボディ ライトボディ。炭酸も強くなく、全体的にスムースでやさしい印象。

LABEL
アイルランドを象徴する色であるグリーンと、レッドエールの赤を使ったデザイン。

　スタウトと並ぶアイルランドで人気のスタイルがレッドエール。「キルケニー」は1710年にセント・フランシス・アビー醸造所で誕生し、それ以来アイリッシュ・レッドエールの代表的な銘柄となっている。香りやボディも強くなく、飲みやすいビール。

Mac Fan

Web Designing

将棋世界

「知りたい！」に応える
マイナビ出版の雑誌＆書籍
http://book.mynavi.jp

マイナビ出版ファン文庫

コンピュータ書籍

マイナビ新書

マイナビ公式就活BOOK

マイナビ将棋BOOKS

MYNAVI BUNKO

ポケットサイズの自分ナビ

マイナビ

アイルランドで
絶大な人気を誇る

Murphy's
マーフィーズ
アイリッシュスタウト

┌─ DATA ─┐
アイリッシュスタウト
スタイル： アイリッシュスタイル・スタウト
　　　　（上面発酵）
原料：　　麦芽、ホップ、小麦
内容量：　500㎖
度数：　　5.6％
生産：　　ハイネケンインターナショナル

圖 アイコン・ユーロパブ

United Kingdom,
Ireland

LABEL
漆黒のボディとク
リーミーな泡を思わ
せるシンプルな色使
い。紋章と誕生年も
書かれている。

アロマ ● チョコレートやコー
ヒーのような香り。熟したフルー
香り ツを思わせる香りも。
フレーバー ● ローストされたフ
レーバーを感じるが、酸味につ
ながるフルーティーさもある。

スタウトらしい黒。ウィジェット
によるクリーミーな泡はやや茶
外観 色がかっている。

ミディアム。強すぎない苦みと
低めのアルコール度数で、かろ
ボディ やかな印象。

　1856年にジェームズ・
J・マーフィーによって誕
生したマーフィーズ。アイ
ルランドではマーフィーズ
かギネスかといわれるほ
どの人気。醸造所のある
コーク州ではとくにマー
フィーズが愛されている。
世界でも80か国以上で
飲まれている。

その他の

ヨーロッパ

伝統的なものから
新しいものまで
国ごとに独自の
風味を生み出す

デンマーク
DENMARK

世界的に有名な銘柄は
下面発酵ビールのカール
スバーグやツボルグです。
ニューウェーブとしては自
前の醸造所を持たず世界
の醸造所とコラボしてビー
ルづくりをする、ミッケラー
のようなユニークなメー
カーも創業しています。

Denmark

オランダ
NETHERLANDS

世界的に有名な銘柄はハイネケン、グロー
ルシュなどの下面発酵ビールです。ベル
ギーと接する地域ではベルギースタイルの
濃厚なビールもつくられています。とくに有
名なのはラ・トラップ修道院でつくられて
いるトラピストビールで、アルコール度数
10.0％のものもあります。また、デ・モーレ
ンなど小規模醸造で個性的なビールをつ
くるメーカーも育ってきています。

Netherlands

Czech

Austria

Italy

イタリア
ITALY

有名な銘柄としてはモレッティやペローニ・ナストロ
アズーロなどの下面発酵ビールですが、北イタリア
を中心にビッラ・デル・ボルゴ、バラディンといった
クラフトビールのムーブメントが始まっています。

ロシア
RUSSIA

ウォッカを好む国民性からか、アルコール度数の高いビールが好まれる傾向にあります。古くはインペリアルスタウトを英国から多く輸入していたという歴史もあり、バルティックポーターと呼ばれる黒色系のビールがつくられています。このバルティックポーターは、上面発酵酵母ではなく下面発酵酵母が使われています。

Russian Federation

チェコ
THE CZECH REPUBLIC

チェコのピルゼンは、世界的に普及しているピルスナースタイル発祥の地です。伝統的なピルスナーやダークラガーが中心ですが、マツゥーシカ、カラスティーナ・ピヴォヴァル・ストラホフといった小規模醸造所がエールスタイルのビールもつくっており、この流れは全土に広がりつつあります。

オーストリア
AUSTLIA

モルトのやや甘い香りと風味のあるウィンナースタイル（ヴィエナスタイル）発祥の地。しかし、今ではほぼ廃れており、ドイツと接している地域ではジャーマンスタイルのピルスナーやヴァイツェンなどが多くつくられています。また、アルペンハーブを使ったさわやかなビールもあります。

STYLE
その他のヨーロッパの主なスタイル

ラガー（下面発酵）
LAGER

チェコ

ボヘミアン・ピルスナー

ピルゼンで1842年に生まれた淡色系下面発酵ビール。世界中で飲まれるピルスナーの手本となったスタイル。ドイツのジャーマンピルスナーより、若干色が濃くモルト感も高い。

オーストリア

ウィンナースタイル／ヴィエナスタイル

オーストリアのウィーン発祥。ウィンナーモルトの赤みがかった色が反映された中濃色で、焼いたパンのような香りが特徴。オクトーバーフェストビアはこのスタイルをベースにしたといわれている。現在では、ヨーロッパよりもメキシコやアメリカのクラフトビールで人気が高いスタイル。

ヨーロッパ全域

インターナショナルピルスナー

ピルスナースタイルが世界的に広がり、モルトの甘みとホップの苦みが弱くかろやかになったスタイル。米やトウモロコシなどが使われているものも多い。ワールドビアカップのコンテストなどで、カテゴリーとして使用される。日本の大手ビールもこのカテゴリーに入る。

ドイツ・ベルギー・イギリスといったビール大国を抱えるヨーロッパにおいて、ビール文化はまたたくまに全土へと広がり、今日に至ります。

硬水のイメージが強いヨーロッパですが、全体的な傾向としては、下面発酵ビールのピルスナーを踏襲した、ハイネケンやツボルグのような淡色系のラガービールが多くつくられています。

しかし近年、クラフトビールの流れの広まりとともに、上面発酵ビールやハイアルコールビール、ワイン樽熟成ビールなどをつくり始める醸造所も増えています。この流れはとくにチェコ、スロバキア、北イタリア、デンマーク、オランダ、ノルウェー、スイスといった国々へ広まり、非常にユニークなビールづくりが行われています。

🇨🇿 チェコ

世界初の黄金色に輝くビール、元祖ピルスナー

Pilsner Urquell

ピルスナーウルケル

LABEL

ボトルの色味を生かす白いラベルにグリーンの文字が映える。赤い蠟印の中央に描かれた門は醸造所の門。

1842年にピルゼンで生まれたピルスナースタイルの元祖となるビール。ピルゼンの軟水とモラビア産の大麦が生んだ傑作の原点。

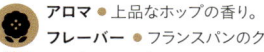

アロマ ● 上品なホップの香り。
フレーバー ● フランスパンのクラム（白い部分）を思わせるモルトフレーバーと上品なホップのフレーバー。

香り

透明感のある黄金色。

外観

ミディアム。ホップがきいた心地よい苦みは、食前酒として最適。

ボディ

DATA

ピルスナーウルケル
スタイル：ボヘミアン・ピルスナー（下面発酵）
原料：　麦芽、ホップ
内容量：330㎖
度数：　4％以上5％未満
生産：　プルゼニュスキープラズドロイ社

キレ　香り　コク　苦み　酸味　甘み

問 アサヒビール

　世界的にポピュラーな黄金色のピルスナースタイルは、このビールから始まる。ウルケルは「元祖」という意味。それまで濃色のビールしかなかった時代。1842年、ピルゼン市の醸造所において、チェコ産の原料を用いてつくられた淡色系の下面発酵ビールは、上品なホップの苦みと輝く黄金色をもつまったく新しいビールで人々に衝撃を与えた。

　ガラス製のグラスの普及にともない、世界的にも人気が高まり、爆発的に広がる。日本の大手ビールも、その源流をたどればこのビールにいきつく。

　キレのある爽やかさと、ほのかなカラメルの香味が特長。トリプルデコクションという古典的な糖化方法を3回繰り返す伝統的な製法を守り続けている。

　醸造所ではブルワリー・ツアーが行われており、見学の途中に樽から直接汲み出した無ろ過のビールを試飲できる。併設のレストランでは食事とともに新鮮なピルスナーウルケルが楽しめる。

🇨🇿 チェコ

大手ビールメーカーも憧れた本家のビール

Budweiser Budvar

ブドヴァイゼル・ブドバー

LABEL
白地に赤い文字が
浮き上がるデザイ
ンはシンプルでわ
かりやすい。

アメリカのバドワイザーと同じ
スペリングのBudweiserだ
が、味わいはかなり違う。チェ
コのBudweiserは味わいの
しっかりしたビール。

アロマ ● 麦の香りとザーツホップの華やかな香りがある。

香り

フレーバー ● ホップの香り、苦みが強く感じられる。

ビルスナーらしい透明感のある金色。

外観

ミディアム。苦みとほのかな甘みがあり、肉料理とマッチする味わい。

ボディ

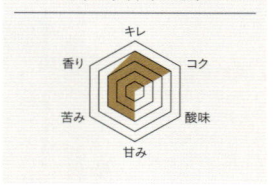

DATA

ブドヴァイゼル・ブドバー
スタイル：ボヘミアン・ビルスナー（下面発酵）
原料：　麦芽、ホップ、水、酵母
内容量：330 ㎖
度数：　4.7 %
生産：　ブデヨヴィッキー・ブドバー

キレ
香り　コク
苦み　酸味
甘み

📷 アイコン・ユーロパブ

〈主なラインナップ〉
・ダークラガー
・プレミアム ラガー

　チェコの南部チェスケー・ブディェヨヴィッツェという町のビール。上品なホップの香りとそこはかとなくパンやバターのような香りが漂う。ほかにこの醸造所では、色の薄いヘレスや濃色系のデュンケル（ダークラガー）もつくらている。ヘレスはかろやかな味わいに。デュンケルは淡色の「ブドヴァイゼル・ブドバー」にコーヒーのようなこうばしい香りがプラスされた飲みごたえのあるビールに仕上がっている。醸造所には併設レストランがあり、ビールとともに食事を楽しむこともできる。

　Budweiser Budvarのスペリングにあるように、アメリカのバドワイザーはブドヴァイゼルの英語発音である。上質のビール"ブドヴァイゼル"にあやかった名前であるが、かつては商標権をめぐって争った時期もあった。現在は合意が成立している。

王室貴族にも好まれる代表的なピルスナー

Jezek

ヨジャック

シンコウニ ペール10

LABEL

ハリネズミを表すヨ
ジャックの名の通り、
ラベルの中央にはハ
リネズミが描かれて
いる。

クリアーな黄金色の見た目
の通り、すっきりとした味わ
いでアルコール度も低く、飲
みやすい。

アロマ ● 洋ナシやジャスミンの
ような爽やかな芳香。
香り
フレーバー ● バランスのとれた
風味。のどごしのあとに、キリッ
とした苦味。

クリアーな黄金色。
外観

ミディアム。高品質なピリッとし
た味わい。
ボディ

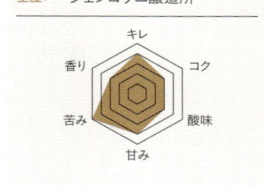

DATA
シンコヴニ ペール10
スタイル：ピルスナー（下面発酵）
原料：　麦芽、ホップ、酵母
内容量：300㎖、500㎖（グラス）
度数：　4.4％
生産：　ジェンコヴニ醸造所

キレ
香り　　　　コク
苦味　　　　酸味
甘み

圙 ワールドリカーインポーターズ

〈主なラインナップ〉
・グランドプレミアム

　醸造所は、チェコ南部にあるヴィソチナ州のイフラヴァという町にあり、その歴史は14世紀前半までさかのぼることができるチェコの伝統的な醸造所だ。工業的な大量生産はしておらず、チェコらしいビールづくりを行っている。その品質の高さは折り紙つき。チェコの国内市場だけにとどまらず、オーストラリアなどにも輸出され、海外にも多数のファンがいる。また、王室貴族にも提供されたことにより、王室貴族のなかにもファンが多いといわれている。

　ヨジャックの名は、チェコの言葉でハリネズミという意味。グラスのラベルの中央にもハリネズミが描かれている。

　「シンコヴニ ペール10」はホップの苦みと麦芽の甘みが心地よい、まさに代表的なピルスナー。日本人に好まれやすい味わいで、アルコール度数も4.4％なので飲みやすい。

オーストリア

チロルが誇る真の地ビール

Zillertal

ツィラタール

ピルス プレミアムクラス

LABEL
キュートなロゴマークの下に書かれた「seit1500」の文字。1500年創業という伝統をうたっている。

アルプスの恵みである清冽かつビールづくりに適した伏流水を使用。チロルに伝わる伝統的な製法で、最低3か月かけてじっくりと熟成させて完成する。

アロマ ● しっかりしたモルトとホップの香りが感じられる。

香り

フレーバー ● ホップの苦みとモルトの甘みのバランスが絶妙。

外観

やや薄めのゴールド。泡はきめ細かくクリーミー。

ボディ

非常に飲みやすく、クリアに仕上がっている。余韻も長くない。

〈主なラインナップ〉
・ヴァイス
・シュバルツ
・ツヴィッケル
・ラドラー
・ガウダーボック

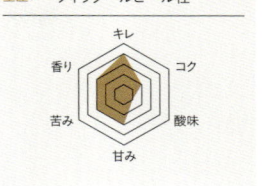

DATA

ツィラタール・ピルス
プレミアムクラス

スタイル：ジャーマン・ピルスナー（下面発酵）
原料：麦芽、ホップ
内容量：330㎖
度数：5.0％
生産：ツィラタールビール社

▦ イエナ

オーストリア西部からイタリア北部にまたがり、氷河やスキー場などを擁する一大観光地として知られるチロル地方。この地に500年以上も前に誕生したツィラタールビール社は、オーストリアでもっとも古い企業のひとつであり、国内で最初にピルスナーを醸造した歴史をもっている。

「ツィラタール」という名前は近くを流れるツィラー川、ドイツ語で「渓谷」を意味する「タール」から取っている。アルプスの伏流水、国内産のモルトとホップを使用し、真の地ビールといえる一本。長期間にわたって低温熟成する製法も土地に古くから根づいているもの。

そんなオーストリアを代表する地ビールが日本で飲めるようになったのは、つい最近のこと。2009年、「日本におけるオーストリア年」を記念して輸入が開始された。世界的な流通量はまだまだ少ない貴重な一本。

🇦🇹 オーストリア

アルプスが育んだ小麦のビール

Edelweiss

エーデルワイス

スノーフレッシュ

LABEL
白地に青文字の上品
なデザイン。アルプス
の山並みやエーデル
ワイスが浮彫りされ
たボトルも特徴的。

ミントや西洋ニワトコ
など複数のアルペン
ハーブとアルプスの
山嶺水で仕込まれる
ヴァイツェン。ハーブ
を使った新鮮な一本
は、ビールがあまり得
意ではない女性にも
おすすめ。

アロマ ● 酵母由来のバナナ香とハーブの複雑な香りが感じられる。

香り

フレーバー ● スパイシーなハーブのさわやかなフレーバー。

酵母の影響で少し濁りのある金色。ヴァイツェンらしく泡はこんもり。

外観

ライト。キレがよく飲みやすい。一杯目にもふさわしいスムーズな飲み口。

ボディ

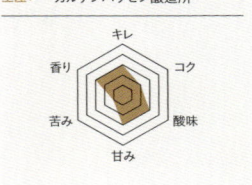

DATA

エーデルワイス スノーフレッシュ

スタイル: ハーブ＆スパイスビール（上面発酵）
原料: 麦芽、ホップ、アルペンハーブ
内容量: 330㎖
度数: 5.0％
生産: カルテンハウゼン醸造所

キレ
コク
酸味
甘み
苦み
香り

圖 イエナ

　小麦を使ったヴァイスビールの本場といえば、南ドイツのバイエルン州。その歴史は古いが、お隣のオーストリアにも本場に匹敵するくらい古くからヴァイスビールをつくっている醸造所がある。それが、ザルツブルク近郊にあるカルテンハウゼン。1475年にザルツブルクの市長と裁判官が設立したブルワリーが前身のため、優に500年以上の歴史を誇っている。

　ブランド名の「エーデルワイス」は、アルプスの過酷な環境下で凛と咲くオーストリアの国花から。ドイツ語で「Edel」（高貴な）「Weiss」（白）という意味で、オーストリアの上質なヴァイスビールのネーミングにふさわしい。

　地方伝統のレシピにアルペンハーブを配合して誕生したのが、この「エーデルワイス スノーフレッシュ」。2006年に発売・輸入が開始され、日本でもビア・バーなどで高い人気を得ている。

🇦🇹 オーストリア

15世紀から続くオーストリアの老舗ビール

Gösser

ゲッサー
ゲッサー・ピルス

LABEL
緑色のボトルとラベルが豊かな自然で育まれたイメージを醸し出す。力強いロゴは王道ビールにふさわしい。

アルプスを擁するオーストリアでも有数の名水で仕込まれたピルスナー。厳選された原料が織りなす洗練された味わいが、国内外のファンを魅了してやまない。

香り
アロマ ● フルーティーで、ホップの豊かな香りが感じられる。
フレーバー ● 力強いモルトの香りとやさしいホップの香りが舌の上を駆け抜ける。

外観
明るく、美しいゴールド。トップの泡はくすみのない白。

ボディ
適度なコクがあり、ピルスナーでありながら高い満足感が得られる。

DATA	
ゲッサー・ピルス	
スタイル:	ピルスナー（下面発酵）
原料:	大麦麦芽、ホップ、水
内容量:	330 ㎖
度数:	5.2 %
生産:	ゲッサー醸造所

（レーダーチャート：キレ、コク、酸味、甘み、苦み、香り）

🏭 イエナ

　かつてビールは"液体のパン"として、栄養を補う目的で飲まれていた。オーストリアのゲッサー醸造所も15世紀ごろは、尼僧院で修行に勤しむシスターの栄養補助飲料としてビールをつくっていたという記録が残っている。

　19世紀なかごろになると尼僧院の一部が買い取られ、醸造専門の施設が誕生。これが現在のゲッサーの起源となる。

　ゲッサーの大きな特徴は原料となる水。醸造所があるゲスという地で湧き出る水はオーストリアでも指折りの名水といわれ、「ゲッサー・ピルス」が誇る上質な飲みやすさに貢献している。

　ホップと大麦は純国産にこだわっており、とくにホップはベルギーなど国外にも輸出されているシュタイヤマルク州産のものが使用されている。

　実力派のブルワリーが揃うオーストリアにおいても、ゲッサーの存在感は別格。それは第二次大戦後、独立宣言の祝宴で飲まれたという逸話からも伺える。

■■ デンマーク

ビール史に刻まれる巨大ブランド

Carlsberg

カールスバーグ

LABEL
王冠がポイント。
1904年にデンマーク
王室御用達となり、そ
の際に宝冠マークの
使用が許可された。

世界中で幅広く飲
まれているだけあっ
て、偏りの少ないバ
ランスの取れた味
わい。飲み口が非
常に軽快なので、
夏場、のどの渇きを
潤すのに最適。

アロマ ● 香りは弱い。ほのかにモルトの香りがする程度。

香り

フレーバー ● のどを鳴らして飲み終えると、ホップと麦芽の風味が鼻を抜けていく。

外観

美しいゴールドは典型的なピルスナーの色。泡のきめ細かさも特徴。

ボディ

ライトボディ。極めて軽く、すっきりとした飲み口が最大の魅力。

DATA

カールスバーグ
スタイル：ピルスナー（下面発酵）
原料：　麦芽、ホップ
内容量：330 ㎖
度数：　5.0 %
生産：　カールスバーグ社

（レーダーチャートの項目：キレ／コク／酸味／甘み／苦み／香り）

圏 サントリービール

　パスツールの「低温殺菌法」、リンデの「アンモニア式冷凍機」、ハンセンの「純粋培養法」。これらをビールの3大発明と呼ぶが、酵母の純粋培養に大きく関わっているのがデンマークのビールメーカー、カールスバーグである。

　カールスバーグ社は1847年、J.C.ヤコブセン氏によって創業。その後、ビールの質を高めるために研究所を設立した。そこでハンセン博士がエールから上面発酵酵母を、ラガーから下面発酵酵母を単独で分離することに成功する。

　世紀の発見と、創業者と2代目の分離と統合、積極的な海外輸出を経て巨大企業への仲間入りを果たしたカールスバーグのピルスナーは、現在150か国以上もの国々で愛飲されている。

　日本ではサントリーがライセンス生産および販売を行っており、身近な海外ビールとして存在感を放つ。飲みやすさと個性を両立した上質な味わいに固定ファンも多い。

🇩🇰 デンマーク

世界中のビアマニアをうならす

Mikkeller

ミッケラー

ディセプション・セッションIPA

LABEL
こちらを誘惑するように、天使と悪魔がラベルの両脇に描かれている。

搾りたてのグレープフルーツのようなジューシーさを感じたかと思えば、ピーチクリームを挟んだビスケットのような口当たりに。

アロマ ● 果樹園を思わせるフルーティーさ。

香り

フレーバー ● 南国フルーツの香りを感じ、あとからホップの香りが舞い降りる。

オレンジがかった黄金色。やわらかな泡立ち。

外観

ミディアムボディ。マンゴーやパッションフルーツの味わいが広がる。フィニッシュにかけてドライになりホップの苦みにつながる。

ボディ

〈主なラインナップ〉
・ブラックホール BA赤ワイン樽
・1000IBU
・ソートガル ブラックIPA

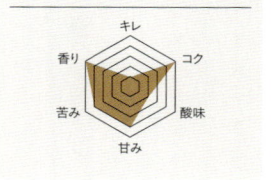

DATA
ディセプション・セッション IPA
スタイル：イングリッシュスタイル・ペール
エール（上面発酵）
原料：麦芽、ホップ
内容量：330㎖
度数：5％
生産：ミッケラーブルワリー

圏 AQベボリューション

今、世界中のビアマニアをもっとも魅了しているブルワリーのひとつがデンマークのコペンハーゲンにあるミッケラーである。

既存のビアスタイルの概念を次々と覆すアグレッシブな姿勢で、ビール界に現在進行形で革命を起こしている。創業は2006年、もともとホームブルワーだったミッケル・ボルグ氏とクリスチャン・ケラー氏の2人のビアマニアが設立した。自らを"ファントムブルワー"と名乗り、醸造施設を保有していない。鋭敏な感覚でレシピを書き上げ、実際の醸造は自国デンマークをはじめとする北欧や、アメリカなどのマイクロブルワリーに委託している。

超高級なコーヒーを使用したビールや「ブラックIPA」、「1000IBU」のビールなど、彼らの自由なビールづくりからファンは目が離せない。

ディセプション・セッションIPAは、南国のフルーツを思わせる甘美な味わいが特徴的な、思わずゴクゴクと飲んでしまうビール。

🇳🇱 オランダ

珍しいオランダ生まれのトラピスト

La Trappe

ラ・トラップ
ブロンド

LABEL
大きな「B」の文字。
「Dubbel」だと「D」
という具合に、銘柄
によってアルファベッ
トと色が変わる。

かろやかだが甘み、苦み、酸味を感じら
れる奥行きのある味わい。フルボディのト
ラピストビールが苦手な方にもおすすめ。
のどごしもよいので続けて飲みたくなる。

アロマ ● モルトの焙煎香とフルーティーな香りを感じ取れる。

フレーバー ● ほのかな麦芽の香りを感じた後、さわやかな苦みと酸味が追いかけてくる。

香り

外観
ブロンドと名づけられているがオレンジ色に近い。泡はしっかりしている。

ボディ
ライト〜ミディアムボディ。コクはあるが、フレッシュで飲みやすい。

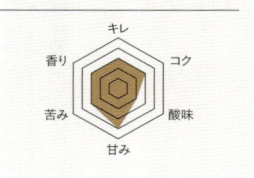

DATA

ラ・トラップ・ブロンド
スタイル：トラピスト（上面発酵）
原料： 麦芽、ホップ、糖類、酵母
内容量： 330ml
度数： 6.5%
生産： ラ・トラップ醸造所

キレ／コク／酸味／甘み／苦み／香り

圏 小西酒造

〈主なラインナップ〉
・ダブル
・トリプル
・クアドルベル

　トラピストビールはすべてベルギー生まれ。そう思いこんでいる人は多いが、実はオランダにも存在する。それが、ラ・トラップ醸造所。ただし、場所はオランダとベルギーの国境線上に位置するアヘル修道院からもほど近く、かなりベルギー寄り。

　絶大なブランド力を持つトラピストビールのなかで、ラ・トラップが異端なのは場所だけではない。19世紀後半に醸造を始める際、エールではなく競争相手がいないラガーに絞った。また近年、生産をババリアブルワリーに委託したことから、「トラピスト」のロゴが外されていた時期もあった。

　現在はベルギーにあるほかのトラピストビールと足並みを揃えるかのように、アルコール度数が高く、フルボディの「クアドルペル」などをラインナップ。アメリカでは修道院名であるコニングスフォーヴェン（「王の庭園」の意味）という名前で販売されている。

🇳🇱 **オランダ**

オランダ生まれのグリーンボトル

Heineken

ハイネケン

LABEL
ロゴに記された3つの「e」は右肩上がり。笑顔のように見えるため「スマイルe」と呼ばれている。

世界中で飲まれるクセのないラガー。だが、独特の苦みとコクにより個性が感じられる。それは、ハイネケン社の武器「ハイネケンA酵母」のおかげ。

アロマ ● 決して強くはないが、モルト由来の甘い香りが鼻をくすぐる。

フレーバー ● ホップの苦みとモルトの甘み、わずかな酸味が感じられる。

香り

クリアで透き通ったゴールド。トップにはクリーミーな泡が。

外観

ライト〜ミディアムボディ。キレのある飲みやすいイメージがあるが、しっかりコクもある。

ボディ

DATA

ハイネケン
スタイル： ヘレス（下面発酵）
原料： 麦芽、ホップ
内容量： 330㎖
度数： 5.0%
生産： ハイネケン・キリン

（レーダーチャート：キレ、コク、酸味、甘み、苦み、香り）

圖 キリンビール

世界2位のシェアを占めるオランダの巨大メーカー、ハイネケン。その歴史は1864年、創業者であるジェラルド・ハイネケン氏が当時、オランダでもっとも大きかった醸造所を買い取ったところから始まった。

上面発酵から下面発酵にトレンドが変わりつつあることを察知したジェラルド氏は、ドイツ人ブルワーを招聘し、下面発酵ビールづくりに取り組む。その後、いまも使用されているオリジナル酵母によって個性のある風味を獲得。他社との差別化に成功する。現在に至る抜群の知名度は、今世紀初めまで社を率いた3代目のアルフレッド・ハイネケン氏によるところも大きい。彼は広告活動に力を入れ、スポーツや音楽イベントを積極的に後援した。

現在、ハイネケンは約170の国々に工場をもつが、それぞれに品質管理部門を置くなど厳しい管理体制を敷いていることで知られる。

 オランダ

スイングトップボトルが特長のプレミアムラガービール

Grolsch

グロールシュ
プレミアムラガー

日本のプレミアムビールに
近い味わいで人気も高い。
フルーティーな香りと上質
な苦みが贅沢。ピルスナー
ではあるが、ゆっくり飲める
オトナの一本。

LABEL
小さくシンプルなラ
ベルのため、スイン
グトップという外観
の特徴が際立って
いる。

アロマ ● スイングトップを開けると、ホップ由来のフルーティーな香り。

香り

フレーバー ● 最初とフィニッシュに苦み。レーズンのようなフレーバーも。

外観

少し濃いゴールド。泡のもちは非常によい。

ボディ

ライト〜ミディアムボディ。しっかりしたコクが感じられ、満足感が高い。

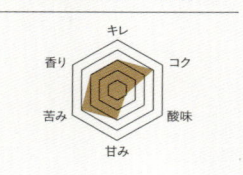

DATA

グロールシュ
プレミアムラガー

スタイル：ピルスナー（下面発酵）
原料：　麦芽、ホップ
内容量：450㎖
度数：　5.0％
生産：　ロイヤル・グロールシュ社

協 アサヒビール

金具で止めた昔ながらの栓「スイングトップ」。いまではごく一部の醸造所でしか使われていないが、そのレトロなたたずまいに根強いファンも多い。そんな「スイングトップ」がトレードマークのグロールシュは、ハイネケンを筆頭に大小さまざまな醸造所がひしめくオランダのなかでも最古のブルワリーのひとつ。創業は1615年にまでさかのぼる。

「プレミアムラガー」は、厳選された原材料とほのかにフルーティーな味わいを引き出すマグナムホップ、香り豊かなエメラルドホップ、天然の湧き水を使用しており、爽やかでバランスのとれた味わいが楽しめる。日本ではこの「プレミアムラガー」と樽詰ビールで「プレミアムヴァイツェン」が販売されているが、オランダ本国ではさらに多彩なラインナップがあり、ラドラーなど、さまざまなスタイルのビールが飲まれている。

グロールシュの特徴は創業から脈々と受け継がれている職人の技と、最新鋭の設備が融合した高い醸造技術。オランダ王室からロイヤルの称号が授与されている。

🇮🇹 **イタリア**

ヒゲをたくわえた老紳士が目印

Moretti

モレッティ
モレッティ・ビール

LABEL
ブランドアイデンティティになっている老紳士。スタイリッシュなスーツ姿がイタリアらしい。

どの食事にも合わせやすいラガービール。炭酸はやや強めで、爽快なのどごしが堪能できる。雑味のないクリアで上質な味わいは、世界中のビール好きを魅了している。

アロマ ● グラスに鼻を近づけると、ほのかに柑橘系のホップの香りがする。

香り

フレーバー ● トウモロコシのフレーバーが感じられる。モルトの甘みも実感できる。

外観

明るいゴールド。真っ白な泡とのコントラストが美しい。

ボディ

ライトボディ。コクはそれほどなく、キレがあるのでゴクゴク飲める。

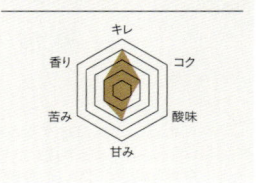

▷DATA

モレッティ・ビール

スタイル：ピルスナー（下面発酵）
原料：　麦芽、ホップ、トウモロコシ
内容量：　330㎖
度数：　　4.6％
生産：　　ハイネケン・イタリア

🔲 モンテ物産

　美食の国、イタリアは温暖な気候でブドウが採れることもあり、アルコールといえばワインだった。しかし現在、マイクロブルワリーの数が急速に増え、イタリア人らしいセンスを活かしたビールが日本にも続々と紹介され始めている。

　ヒゲをたくわえた紳士のラベルでお馴染みの「モレッティ」は、イタリアビールの定番として日本でも比較的容易に手に入れることができる。

　日本より少し早くビールづくりの歴史が始まったイタリアにおいて、モレッティはもっとも古い歴史をもつ老舗の一つ。ビールづくりの盛んなオーストリアと接するフリウリ州で1859年に生まれた。今では州だけではなく、イタリアを代表するメーカーにまで成長し、世界40か国以上に輸出されている。

　さらなる発展が期待されるイタリアのビール業界において、どこよりも早くワールドビアカップや国際品評会で高い評価を獲得するなど、イタリアビール界の先頭を走り続けるナショナルブランドである。

🇷🇺 ロシア

ロシア最大の新進ブルワリー

Baltika

バルティカ

No.9

レギュラーでつくられている中ではもっともアルコール度数が高い。自然発酵をベースにした独自開発の製法で醸されており、飲みごたえが感じられる一本。

LABEL
銘柄によって中央の数字やデザイン、色が異なる。

アロマ ● ハチミツ、白コショウ、パンといった多彩で複雑な香りが混じる。
香り

フレーバー ● モルトの甘さが感じられ、パンのようなフレーバーの余韻が残る。

個性のある中身とは異なり、外観は一見普通のピルスナーのような明るいゴールド。
外観

ミディアム。飲み口はスムーズ。
ボディ

〈主なラインナップ〉
・バルティカNo.3

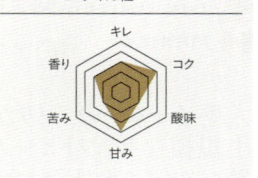

DATA
バルティカNo.9
スタイル：ストロングラガー（下面発酵）
原料：　麦芽、ホップ
内容量：450ml
度数：　8.0%
生産：　バルティカ社

（キレ／コク／酸味／甘み／苦み／香り）

圏 池光エンタープライズ

　寒冷地ロシアにとって、アルコールとは体を温めてくれるウォッカだった。ところがソ連崩壊後、ビールの消費量が急増。現在では中国とアメリカに次ぐ世界3位の市場規模にまで成長している。

　かつてビールは、ロシア国内において「酒類」ではなく「食品」扱いだったが、2011年に「酒類」として認められるようになった。そんな特殊な背景をもつロシアで最大のシェアをもち、海外にも積極的に輸出されているのがサンクトペテルブルクに箱を置くバルティカ。設立はソ連崩壊前年の1990年と若いが、「No.9」で2009年モンドセレクション金賞受賞など高い評価を得ている。

　大きな特徴は、商品名が番号で表示されていること。同ブランドでは、ノンアルコールの「No.0」から「No.9」までの現在8種類を醸造（No.1とNo.5は生産休止中）。スタイルはドルトムンダー、ポーター、ウィートビールなど多彩だが、日本ではなかなかお目にかかれない銘柄が多い。

アメリカ
メキシコ

大手メーカーのアメリカンラガーに対し
小規模なクラフトビールも
数多くつくられ人気に

　大手メーカーが大量に生産する「バドワイザー」「クアーズ」「ミラー」など、昔からみんなに親しまれているビールは、アメリカンラガーといいます。のどの渇きを癒し、のどごしがよく、苦みも少ないライトなラガーです。

　そんななか、「アンカースチームビア」から始まったクラフトビールは、大手とはまた違った豊かな個性が受け入れられ人気になりました。今では国内に5200以上のマイクロブルワリー（小規模醸造所）が誕生しています。とくに西海岸には急成長を遂げたブルワリーが多く、アメリカ産ホップをたっぷり使ったホッピーなペールエール、IPAなど、ウエストコーストスタイルと呼ばれるビールが親しまれています。

　アメリカでのビールの飲み方はふたつ。のどが渇いたときに、家で食事をしながら、スーパーでまとめ買いをしておいて飲むびんや缶ビール。そのほとんどは大手ビールメーカーのラガービールです。一方、個性豊かなエールなどを楽しめるクラフトビール

アメリカ

大手メーカーのライトなアメリカ
ンラガーが多く飲まれるなか、小
規模醸造のクラフトビールが各
地に誕生し、ホップをたっぷり
使ったIPAをはじめとする個性豊
かなビールも人気です。

United States of America

メキシコ

しっかりしたビールをつくるモデ
ロ社が有名ですが、世界各国
でも人気のコロナに代表される、
苦味が少なく飲みやすいライトラ
ガーが多く生産されています。

Mexico

ハワイ
HAWAII

コナ・ブリューイングや、100
年前に誕生し、近年復活した
プリモビールをはじめ、南国ら
しい華やかでのどごしのいい
ビールが中心。クラフトビー
ルも近年増えてきています。

は、主にそのブルワリー近くに住む人たちによって楽しまれていま
す。マイクロブルワリーはレストランを併設しているところも多く、リ
ゾート地や町中で営業しています。また、西海岸や、大都市に
はクラフトビールを生で楽しめるパブやレストランも増えています。
オーガニックフードと同じように、ビールにもこだわるアメリカ人は
年々増加中です。

STYLE
アメリカの主なスタイル

エール（上面発酵）
ALE

アメリカンスタイル・ペールエール

イギリス発祥のペールエールを柑橘系の香りがあるアメリカ産ホップで仕上げたもの。

インペリアル・IPA

アメリカンスタイル・IPAの苦み、ホップの香りを強めたもの。アルコール度数が高めになったものもある。

アメリカンスタイル・IPA（インディアペールエール）

イギリス発祥のIPAを柑橘系の香りがあるアメリカ産ホップで仕上げたもの。

ラガー（下面発酵）
LAGER

アメリカンラガー

軽い飲み口が特徴の淡色系ラガー。アルコール度数の低い「ライトラガー」や、濃色系の「アンバーラガー」などがある。

カリフォルニアコモンビール

ゴールドラッシュ時代にカリフォルニアで生まれたスタイル。下面発酵酵母を高温で発酵させたため、シャープかつ上品な仕上がり。スチームビアとも呼ばれる。

発祥国不明のスタイルもある

　スタイルのなかには「発祥国不明」も存在します。例えばハーブ／スパイスビールです。もともとビールにはさまざまなスパイスやハーブが使われており、ホップはそのひとつでした。中世以降はホップを必須とし、ほかのハーブを使わなくなりましたが、リバイバルして再びさまざまな副原料が使われるようになった現在、元来の発祥国は「わからない」となるのです。大昔はすべてが樽熟成だった木樽熟成ビールも同様です。

　もっとも、こうした復活ビールのほとんどは、アメリカ・クラフトビールメーカーの挑戦的な試みをきっかけにしています。「発祥国はアメリカ」と考えてもよいのかもしれません。

アメリカンクラフトビールの先駆けとなったビール

Anchor Brewing

アンカーブリューイング

アンカースチームビア

LABEL

ブルワリー名に由来するイカリに、麦とホップをイラストで表現。ネックにはスチームビアへのこだわりがびっしりと書かれている。

ラガー酵母をエール酵母のように発酵させたハイブリッドなビールは、ラガーのコクやキレと、エールのフルーティーさを合わせもつ独自のビール。

アロマ ● ハチミツのような甘い香りとフルーティーな香り。

香り

フレーバー ● ほんのりとしたこうばしさと苦み、フルーティーなコク。

外観

明るい銅色。きめ細かなほんのりクリーム色の泡。

ボディ

ミディアム。キレのあるのどごしと、モルト由来のコク、こうばしい苦みが後に残る。

U.S.A.

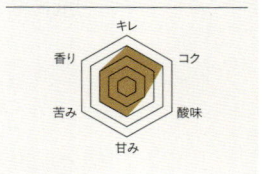

DATA
アンカースチームビア
スタイル：カリフォルニアコモンビール（下面発酵）
原料：麦芽、ホップ
内容量：355 mℓ
度数：4.9 %
生産：アンカー社

レーダーチャート：キレ・コク・酸味・甘み・苦み・香り

圏 三井食品

〈主なラインナップ〉
・アンカーリバティエール
・アンカーポーター

　ゴールドラッシュの時代に、サンフランシスコの労働者向けに始まった前アンカー社のビールは、本来低温で発酵させるラガー酵母をカリフォルニアで常温発酵させた特殊製法。熟成期間が短く、ガスがビールに溶けずに残るため、開栓するとプシューッと蒸気機関のような音を立てる。このことから、スチームビアといわれるようになった。

　禁酒法時代を経て倒産寸前だった前アンカー社をフリッツ・メイタグ氏が1965年から関わって蘇らせ、当時全盛だった大手メーカーに対抗する世界的な人気ブランドにまで発展。マイクロブルワリーがアメリカに広まるきっかけとなったビール。

　強烈なホップの刺激をもつリバティエール、リッチでクリーミーなポーターも人気商品。また、1970年代から始めたヴィンテージつきのクリスマス・エールには、毎年熱心なファンがついている。

ホップを惜しみなく使った西海岸の代表的IPA

Green Flash

グリーンフラッシュ

ウェストコーストIPA

LABEL

紫のラベルに、ブルワリー名でもある「グリーンフラッシュ」(夕陽が沈む瞬間に起きる緑の閃光)をイラストで描いている。

オレンジを思わせるジューシーさ、パインのような甘み、苦みがさわやかな風のようにのどを通り抜ける人気のIPA。

アロマ ● オレンジのような甘い柑橘系の鮮烈なホップの香り。

フレーバー ● カラメルモルトの甘い香り、オレンジの皮のような苦みと香り、タイ料理を思わせるスパイスの香り。

香り

透き通りオレンジがかったブラウン、茶色がかったやさしい泡。

外観

ミディアム。モルトの甘みに始まり、かろやかでフルーティーな味わいの後に心地よい苦みが残る。

ボディ

DATA

ウェストコーストIPA

スタイル：	ダブルIPA（上面発酵）
原料：	麦芽、ホップ
内容量：	355 mℓ
度数：	8.1%
生産：	グリーンフラッシュ醸造所

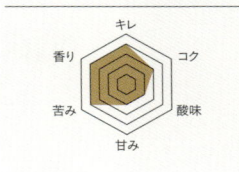

圙 ナガノトレーディング

〈主なラインナップ〉
・ソウルスタイルIPA
・リミックスIPA
・パッションフルーツキッカー

　2009年度の全世界のシムコ・ホップ（柑橘系の香りがするアメリカ産ホップ）の購入量はグリーンフラッシュ醸造所が世界一となったとか。アメリカ産カスケードホップを贅沢に使い、シトラスのさわやかな香りと苦みを堪能できるインペリアル・IPAを、世界に知らしめたのはこの銘柄といっても過言ではない。西海岸を代表するだけでなく、今やアメリカンクラフトビールの代表的銘柄となったIPA。

　ラベルにも描かれているグリーンフラッシュとは、夕陽が水平線に沈む瞬間に起こる緑の閃光現象のことで、これを見ると幸せになるという。

　数々のIPAコンテストで受賞している実力派で、原料、鮮度を重視した少ロット生産にこだわった逸品。元気いっぱいでチャーミングなこのブルワリーは、2002年にリサとマイク夫妻によって始められている。

ホップモンスターと形容されるストーン流の苦みが印象的

Stone Brewing

ストーンブリューイング

ストーン ルイネーション ダブル IPA2.0

LABEL
ボトルに直接印刷されたガーゴイルのラベルデザインはシック。ボトルに、"A liquid poem to the glory of the hop（ホップを讃えるための液体の詩）"と記している。

ビールランキングで常に上位に入る同醸造所の看板IPA。

アロマ ● シトラス系の香りに、芝生のような草の香り。
香り
フレーバー ● しっかりしたホップの苦みにモルトの甘い香り。

外観 少しオレンジがかった黄金色で、透き通っており、きめ細かな泡立ち。

ボディ ミディアム。苦みとフレーバーが絶妙なバランスでまとまる。

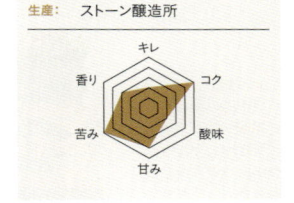

DATA

**ストーン ルイネーション
ダブル IPA2.0**

スタイル: ダブルIPA（上面発酵）
原料: 麦芽、ホップ
内容量: 355㎖
度数: 8.5％
生産: ストーン醸造所

（レーダーチャート：キレ／コク／酸味／甘み／苦み／香り）

囲 ナガノトレーディング

〈主なラインナップ〉
・ストーンIPA
・ストーン・デリシャスIPA
・ストーン・ゴートゥーIPA

　現在、カリフォルニアのサンディエゴにあるストーンブルワリーは、1996年サンディエゴに生まれ、急成長を遂げた西海岸屈指の醸造所。数々のブルワリーを訪ね歩き、テイスティングをしたふたりのビール好き、醸造家のスティーブと現CEOのグレッグによって創立され、その経験や熱意の結果、一躍人気となった。ストーン（石）という名前は普遍の象徴として、ガーゴイルは災いを除ける守り神としてトレードマークになっている。

　Centennialホップで元々のキャラクターを維持しつつも、2014年より流通を始めたAzaccaなどの新しいホップを使用することでより複雑で濃醇なアロマ・フレイバーを獲得した。また、ホップバースティングという技術を用いてホップの松のような香り、シトラス、トロピカルフルーツの香りを最大限に引き出している。

アロハ精神に満ちたやさしい味わいのビール

Kona Brewing

コナ・ブリューイング

ファイヤーロックペールエール

LABEL

ハワイ島の南国らしい風景のカラフルなイラストに、ヤモリのついたロゴがあしらわれたトロピカルな雰囲気。

甘いモルトと柑橘系果実を思わせるまろやかなホップの苦みが香る、ハワイアンタイプのペールエール。

アロマ ● シトラスやマスカットに、ほんのりキャラメルの香り。

フレーバー ● やわらかなホップの苦みとローストされたモルトの甘くこうばしい香り。

香り

外観
赤みがかった銅色。クリーミーな泡がこんもりと立つ。

ボディ
ミディアム。甘みを残しながらもバランスのよい苦みが残る。

DATA

ファイヤーロックペールエール

スタイル：アメリカンスタイル・ペールエール（上面発酵）
原料：麦芽、ホップ
内容量：355㎖
度数：6.0％
生産：コナ醸造所

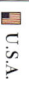
U.S.A.

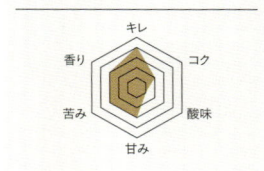

キレ
コク
酸味
甘み
苦み
香り

圖 友和貿易

〈主なラインナップ〉
・ビックウエイブ
　ゴールデンエール
・ロングボードラガー

　コーヒーの産地でも有名なハワイ島コナにある、ハワイNo.1のクラフトビールメーカー。1994年より生産が開始されたこのブルワリーは、ラベルのイメージにぴったりのハワイらしい、やさしさを感じるペールエールなどを醸造。ブランドのロゴにも使われているかわいらしいヤモリは、通称GEKKO（ゲッコー）と呼ばれ、ハワイでは幸運をよぶ動物として人気のキャラクター。ブルワリーにはパブも併設され、コナ地域の観光名所になっている。

　「ファイヤーロックペールエール」はオープン翌年の1995年から生産されている看板商品。グレープフルーツのようなホップの香りにマスカットのようなフルーティーな香り、モルトの甘い香りが加わり、気候も人も暖かなハワイにぴったりの味わい。

ウイスキーの樽で長期熟成したフルボディのビール

Epic Brewing

エピック・ブリューイング

スモーク＆オーク

LABEL
ブルーグレーの落ち着いたカラーでホップのシルエットが描かれている。

ベルギー産酵母を使い、オーク樽で6か月熟成させている。まるでバーボンのような、スモーキーで甘い香りの高アルコールビール。

アロマ ● スモーキー、ドライフルーツのような香り。

フレーバー ● 熟成されたフルーティーな香りと、バーボンやカラメルのような香り。

香り

赤みのあるアンバーブラウン。泡立ちは控えめ。

外観

フルボディ。豊かな甘みにどことなくスパイシーな味わい。ほんのりとした苦みとフルーティーな深い余韻が残る。

ボディ

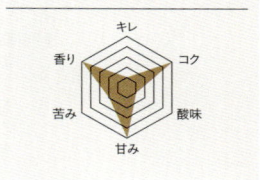

■ DATA

スモーク&オーク

スタイル：ベルジャンスタイル・ストロング　エール（上面発酵）
原料：麦芽、ホップ
内容量：650㎖
度数：9.5％
生産：エピック醸造所

レーダーチャート：キレ、コク、酸味、甘み、苦み、香り

📷 AQベボリューション

〈主なラインナップ〉
・スパイラル・ジェディIPA
・インペリアルIPA

U.S.A.

　ソルトレイクシティーに生まれたエピック醸造所は、同醸造所のアイコン的な「エクスポネンシャル」シリーズをはじめ、多くの種類のバラエティに富んだビールをつくり、ビール品評会においても数々の受賞をはたしている新進気鋭のブルワリー。

　エピックの自信作「エクスポネンシャル」シリーズのひとつ「スモーク&オーク」は、味わい深いじっくり楽しむためのスペシャルなビール。さくらのチップでスモークしたカラメルモルトには、ウイスキーと同様にピート（泥炭）で風味づけ。醸造にはベルギー酵母を使用し、熟成にはウイスキーさながらにオーク樽を用いて6か月間熟成させることで、深く複雑ながら、まろやかな味わいと香りをもつビールに仕上げている。

品格のある味わい深い大人のアメリカンラガー

Boston Beer

ボストンビア

サミュエルアダムス・ボストンラガー

LABEL

落ち着いたブルーに、ブランド名となっている偉人「サミュエル・アダムス」の肖像が描かれている。

品格を感じるしっかりとした味わいで、飲みごたえを感じるラガービール。

アロマ ● 花やシトラスのような
香り、パインのような香りが残る。
フレーバー ● カラメルモルトの
やわらかな甘い香り。
香り

深みのある琥珀色、やわらかな泡。
外観

ミディアム。細かな炭酸とほの
かな甘み、上品な苦みでなめら
かなのどごし。
ボディ

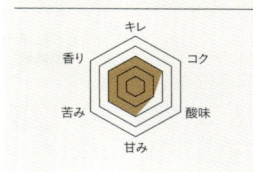

DATA

サミュエルアダムス・ボストンラガー

スタイル：	アンバーラガー（下面発酵）
原料：	麦芽、ホップ
内容量：	355 ㎖
度数：	4.8 %
生産：	ボストンビール社

岡 日本ビール

　サミュエル・アダムスとは2代目大統領の又従兄弟で、独立戦争
やボストン茶会事件で活躍した人物。実は醸造家でもあったことか
ら、1984年、ジム・クックがブルワリーを創業した際に看板ビール
の名前に使用したとか。ビール醸造家の息子として生まれたジムが、
一度廃業した父から1870年代に製造していたビールレシピをもら
い、醸造を始めたのが「サミュエルアダムス・ボストンラガー」。アメリ
カで主流となっていたライトラガーとはひと味違った飲みごたえで人
気に火がつき、「アメリカ人がもっとも飲みたいビール」として不動の
地位をつかむ。
　厳選されたホップと二条麦芽、湧き水からつくられ長期熟成され
ているこのビール。まるでエールビールのようなまろやかなのどごし
とフルーティーな香り、モルトの甘み、ホップの苦みも上品でコクが
ある。まさにプレミアムラガーにふさわしい逸品。

典型的アメリカIPAの味と香りのデイリービア

Lagunitas

ラグニタス

IPA

LABEL
白地に黒のステンシルを使ったようなIPAの大きな文字が印象に残る。

ウエストコーストのIPAを代表するといっていい、バランスがよく飲みやすいビール。さわやかな味わいはカリフォルニアに吹く風のよう。

U.S.A.

香り

アロマ ● シトラス、グレープフルーツ、松とトースティーなモルトの香り。

フレーバー ● さわやかなシトラスホップの香りとオレンジのような甘み。

外観

オレンジからカッパー色（あかがね色）。クリーミーな泡立ち。

ボディ

ライトボディ。瑞々しい柑橘系のホップの香りと苦みに、こうばしいモルトとのバランスがよくなめらか。

DATA

IPA

スタイル：アメリカンスタイル・IPA（上面発酵）
原料：麦芽、ホップ
内容量：355 mℓ
度数：6.2 %
生産：ラグニタス醸造所

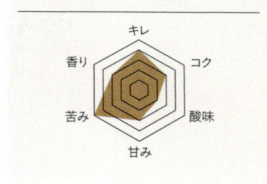

（卸）ナガノトレーディング

〈主なラインナップ〉
・リトル・サンピンサンピン
・マキシマス IPA

　サンフランシスコの北、ワインで有名なナパバレーのすぐ隣にあるラグニタス醸造所は、カリフォルニア州ラグニタスにて、1993年、創業者トニー・マギーによって設立。いまや南のストーン醸造所と並んで、カリフォルニアを代表するクラフトビールメーカーにまで急成長。おちゃめな犬がシンボルマークとなっている。

　昔のアメリカンラガーのイメージを払拭すべくつくられた「IPA」は、IPA（インディアペールエール）ならではのしっかりとしたホップの苦みとモルトの甘みを追求した看板商品である。絶妙なバランスが人気を呼んだこのビールは、松やにを思わせるモルトに、あくまでもさわやかなグレープフルーツのような香りと苦みが口いっぱいに広がる。すっきりと飲みやすく、ドライなのどごしでヘルシーなカリフォルニア料理にぴったりのビール。

ラベルからは想像できないフルーティーさ

Rogue Ales

ローグエールズ

デッド・ガイ・エール

LABEL

樽の上にすわった骸
骨の奇妙なイラストと
まわりのレインボーカ
ラーが印象的。

フルーティーかつ香ばし
い香りと、すっきりした口
当たり。

アロマ ● カラメルのような甘い香り。

フレーバー ● こうばしく、甘いモルトの香りと、フルーティーでまろやかな苦みがある。

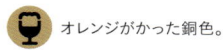

オレンジがかった銅色。

ミディアム。モルトの風味が豊かで口当たりがよく、バランスのとれた後味。

DATA

デッド・ガイ・エール

スタイル：マイボック（上面発酵）
原料：　麦芽、ホップ
内容量：355ml
度数：　6.5％
生産：　ローグ醸造所

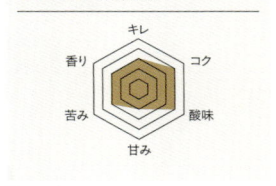

圖 えぞ麦酒

〈主なラインナップ〉
・ブルタルIPA
・ヘーゼルナッツブラウンエール

　アメリカ西海岸のオレゴン州で創業した醸造所、ローグエールズ。「デッド・ガイ・エール」のほか、「ヘーゼルナッツブラウンエール」なども有名。

　ビールのネーミングは、1990年初めにポートランドの「Casa UBetcha」で行われたマヤ暦の死者の日（11月1日の万聖節）のお祝い用としてつくられたため。死者の日のお祝い用ということもあって、樽の上に骸骨がすわっているという奇妙なラベルも特徴的。

　ブルワリーが独自に培養した「パックマン」イースト（上面発酵酵母）とアメリカ北西海岸の地下水を使用し、ドイツのマイボックスタイルでつくられたローグエールズの王道ビール。パンチのあるラベルからイメージする味わいとは異なり、豊かなモルトの風味と、甘みと苦みのバランスのよいマイルドな味わいが口の中に広がる。

SKA Brewing

スカブリューイング

モダス ホッペランディ IPA

LABEL
ファンキーなギャング
スタイルの個性的な
キャラクターがイカし
たデザイン。

柑橘系の風味と味わい
がさっぱりと口の中を爽
やかにしてくれる。

アロマ ● 柑橘系のホップの強い香りとほのかな甘い香り。

フレーバー ● 甘酸っぱい柑橘系のホップの香りと後味にさわやかな苦みがある。

香り

赤みがかった銅色。オレンジがかった白い泡。

外観

ミディアム。グレープフルーツのような苦みとパイナップルのような甘さをもつ。

ボディ

DATA

モダス ホッペランディ IPA

スタイル: アメリカンスタイル・IPA（上面発酵）

原料: 麦芽、ホップ
内容量: 355 mℓ
度数: 6.8 %
生産: スカ醸造所

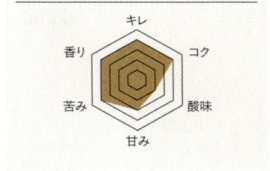

圏 えぞ麦酒

〈主なラインナップ〉
・スペシャル ESB
・トゥルー ブロンドエール
・スティール トースタウト

　デイブ・ディボドゥー氏とビル・グラハム氏が少年時代から描いていた夢を叶え、コロラド州デュランゴで1995年に創業した醸造所、スカブリューイング。醸造所の名称は、創業者のふたりがビールと同じくらい愛するスカ音楽から。スカ音楽とビールを融合させた、一風変わったテイストが持ち味。そのテイストは、ギャングスタイルのキャラクターが躍り出るファンキーなラベルからも感じ取れる。

　ファンキーなラベルのイメージとは異なり、昔ながらのビターエール。さわやかな苦みのなかに、グレープフルーツやパイナップルのような柑橘系のやさしい甘さを感じ、その甘さが口のなかにやさしく広がる。

　スパイシーな料理や燻製肉などの料理にあわせるほか、意外にもチーズケーキなどのデザートによく合う。

華やかな香りのエレガントなピルスナー

Victory Brewing

ビクトリーブリューイング

プリマピルス

ヨーロピアンホップスとジャーマン
モルトを使用。クリスプでドライフィ
ニッシュ、伝統と革新が融合した
ホッピーなジャーマンスタイルピル
スナー。Prima!（最高の、第一に）
飲みたい一杯です。

LABEL
さわやかなグリーンのラベルに、
大きくホップのイラストを配置。
強いホップ感を感じさせるデザ
インとなっている。

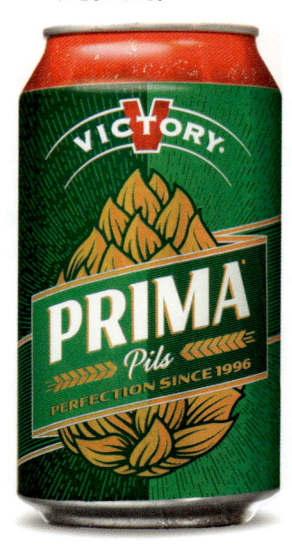

アロマ ● レモンの皮やほんのりとスパイシーな香り。
香り

フレーバー ● しっかりとしたホップの香りと苦み。

 透き通った黄金色。
外観

ボディ ライトボディ。ホップがよくきいて苦みが強く残る。

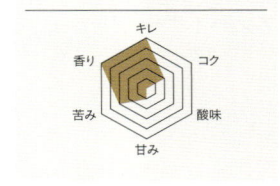

〈**DATA**〉

プリマピルス

スタイル：	ピルスナー（下面発酵）
原料：	麦芽、ホップ
内容量：	330 ㎖
度数：	5.3 %
生産：	ビクトリー醸造所

（キレ／香り／コク／苦み／酸味／甘み）

📷 AQ ベボリューション

〈**主なラインナップ**〉
・ゴールデンモンキー
・ホップデビル IPA

　ポップなネーミングとカラフルなラベルのキャラクターが強いビールを多数つくっているビクトリー醸造所。オーナー兼ブルーマスターであるビル・コヴァレスキとロン・バーシェットはビールの聖地ドイツで修業を行い、1996年にビクトリーブリューイングを設立。ヨーロッパの伝統と、アメリカらしい自由な創造力を兼ね備えたビールが醸造所の特徴となっている。

　このピルスナーは、軽めながらもホップの香りと苦みにこだわり、スッキリと洗練された味わい。アメリカのホームブルワーマガジン『Zymugy』に掲載されたベスト50のうち、ピルスナースタイルとして唯一掲載されたほか、ビール評価サイト「Ratebeer」で95ポイントを獲得するなど、ピルスナーの代表格ともいえる一本。

軽く爽快なアメリカンラガーの
No.1ブランド

Anheuser-Busch

アンハイザー・ブッシュ
バドワイザー

⬛ DATA

バドワイザー
スタイル：ピルスナー（下面発酵）
原料：麦芽、ホップ、米
内容量：330㎖
度数：5.0％
生産：アンハイザー・ブッシュ・インベ
ブ社

🔲 アンハイザー・ブッシュ・インベブ・ジャパン

アロマ ● わずかに香るレモンの
ようなホップの香り。

香り

フレーバー ● ブナの木片がも
たらす、トロピカルフルーツを
思わせる甘い香り。

外観

明るい黄金色。やわらかな泡
が盛り上がる。

ボディ

ライトボディ。苦みが少なく、
すっきりとした味わい。軽く爽
快なのどごし。

LABEL
バドワイザーの定番
カラー、赤、白、青の
中でも赤を強調し、中
央に大きく蝶ネクタイ
をあしらっている。

　今や大企業になったアンハ
イザー・ブッシュ・インベブ社。
1876年ミズーリ州セントルイ
スで誕生し、世界初の冷蔵技
術でラガービールを生産した。
「バドワイザー」はアメリカン
ラガーの代表ブランドである。
ピーチウッドを二次発酵に用い
て熟成させたビールは、ほんの
り甘くさわやか。

グラスはスタイルで選ぶ

グラスの形状を選ぶことで特定の特徴を感じやすくすることができます。スタイルの特徴をしっかりと捉えたいときは、適したグラスを選ぶ必要があるのです。下は各スタイルの代表的なブランドのグラスです。スタイルに合ったグラスを選ぶ際の参考にしてください。

フルート型
ピルスナー

ホップの香りを逃がさないよう、中央が膨らみ、口は細め。細長い形状は気泡が美しく立ち上る。

パイントグラス
ペールエール

英と米で、大きさや形状が異なる。香りのUKは568㎖で膨らみがあり、苦みのUSは473㎖で厚手。

ヴァイツェングラス
ヴァイツェン

500㎖が標準量。酵母や小麦の豊かなアロマが楽しめるよう、グラス上部の口が膨らんでいる。

細長い直線型
ケルシュ

シュタンゲ（棒）と呼ばれるグラス。泡が消えやすいため、さっと飲み干せる200㎖サイズになっている。

チューリップ型
ベルジャン・
ストロングエール

上部のくびれが、泡を抑えて固める。外側に広がった口から、エールらしい華やかな香りが漂う。

聖杯型
トラピスト

口径が広く、重厚感のあるつくりの聖杯型。芳醇な香りや豊かな味わいを、ゆっくり楽しむことができる。

ライムと合わせて。ラッパ飲みが本場流

Cerveceria Modelo, S. de R. L. de C.V.

セルベセリア・モデロ

コロナ・エキストラ

LABEL
お馴染みのツートンカラー。ロゴの書体が古めかしく、レトロなイメージ。

80年代以降、日本でもライムを入れて飲むスタイルが広く認識されている。メキシコ料理を始めとするスパイシーな料理との相性は抜群。夏やビーチが似合うビール。

香り

アロマ ● 通常はあまりしない。ライムを足すことで個性のあるアロマに。

フレーバー ● 副原料であるコーンのフレーバーを感じ取れる。雑味はない。

外観

淡いゴールド。泡はあまり立たないのが特徴。

ボディ

ライトボディ。軽くてスムーズな飲み心地がこのビールの真骨頂。

DATA

コロナ・エキストラ

スタイル：	ライトラガー（下面発酵）
原料：	麦芽、ホップ、コーン、酸化防止剤（アスコルビン酸）
内容量：	355㎖
度数：	4.5％
生産：	モデロ社

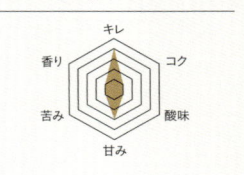

🏠 アンハイザー・ブッシュ・インベブ・ジャパン

〈**主なラインナップ**〉

・コロニータ・エキストラ

　日本ではバブル期以降、メキシコ生まれの「コロナ」がオシャレな海外ビールとして人気を博した。当時、「ライムがなければ、コロナは飲むな」というキャッチコピーが使用されたほど、「コロナ」とライムは切り離せない組み合わせとして情報発信されていた。

　ライムを添える習慣は透明のびんであることと関係する。ビールは光を受けると変質し、日光臭と呼ばれるオフフレーバーを生む。それを防ぐために多くのビールで茶色いびんが採用されているのだが、「コロナ」は透明なため日光臭がつきやすい。そのため、メキシコ特産のライムを入れて飲み始めたといわれている。ただし、本国メキシコでは日光臭も含めてビールだ、という価値観もある。製造開始以来、「コロナ」は「今この瞬間を大切に生きる」という哲学を掲げ続けている。

　本来、ビールはグラスに注ぐのが正解だが、「コロナ」のびんに限っては「ライムを入れてラッパ飲み」もありといえる。

メキシコ生まれのダークビール

Cerveceria Modelo,
S. de R. L. de C.V.

セルベセリア・モデロ

ネグラモデロ

LABEL

大麦をあしらった、
ゴールドで高級感の
あるラベル。特別な
食事のテーブルにも
映えるデザイン。

ローストされた麦
芽のキャラクター
が存在感を放つ
ウィンナーラガー。
見ためとは裏腹に
飲み口はあっさり。
コロナ・エキストラ
同様、少しライムを
入れてもおいしい。

アロマ ● ロースト麦芽の香り。また、フルーティーな香りも同居している。

香り

フレーバー ● 麦芽とホップのフレーバーが去った後、フレッシュな余韻が残る。

外観

濃い褐色。ダークビールという言葉の印象よりも明るめ。

ボディ

ライトボディ。色が濃いので重いと思われがちだが、ライトでキレがある。

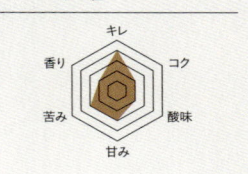

（DATA）

ネグラモデロ

スタイル：ウィンナースタイル・ラガー（下面発酵）
原料：　麦芽、ホップ、米、酸化防止剤（アスコルビン酸）
内容量：355mℓ
度数：　5.5%
生産：　モデロ社

（レーダーチャート：キレ、コク、酸味、甘み、苦み、香り）

圏 アンハイザー・ブッシュ・インベブ・ジャパン

〈主なラインナップ〉
・モデロ・エスペシャル

　コロナをつくるメキシコのビール最大手モデロ社が、オーストリアで生まれたウィンナースタイルを手本に醸造したのが「ネグラモデロ」。

　モデロ社は1922年に創設され、1925年に「コロナ」を、1930年からは「ネグラモデロ」を発売。メキシコでは50%を超える市場シェアを誇るビール会社である。2012年にアンハイザー・ブッシュ・インベブが買収することで合意し、2008年のアンハイザー・ブッシュ買収に続く、史上二番目の大規模な買収だと話題となった。

　世界のビール市場の荒波に揉まれるモデロ社だが、1930年から80年近く醸し続ける「ネグラモデロ」の豊かな味わいは変わらない。ウィンナースタイルはウィーンのアントン・ドレハー氏らによって、冷蔵技術と下面発酵を駆使してつくられた。20世紀に入り、オーストリア帝国が崩壊して本国では廃れてしまったが、メキシコで生まれた「ネグラモデロ」は伝統を絶やさず守り続けている。

アジア

ASIA

亜熱帯気候を潤す
ピルスナーの隆盛

People's Republic of China

Thailand

Viet Nam

 Sri Lanka

スリランカ

SRI LANKA

よく知られる銘柄「ライオン」。どっしりした味わいのスタウトですが、ピルスナーもモルトの風味も豊かでしっかりめ。香辛料の多いスリランカ料理に負けない個性があります。

シンガポール

SINGAPORE

「常夏の国」だけにライトなラガーは一番人気。さらに、コクのあるプレミアムビールやヨーロピアンスタイルなど、アルコール度数も4.5〜11.8%と、幅広く揃っています。

Singapore

Indonesia

ベトナム
VIETNAM

年間408万klを生産する東南アジア1位のビール市場（2016年）、ベトナム。ピルスナーが主流で、都市都市にちなんだビールがあります。水代わりの廉価ビール「ビアホイ」もよく飲まれています。

中国
CHINA

中国は、世界第1位のビール生産大国。ビアスタイルはピルスナーが主流です。ビール産業は、大手3社のほか小規模ブルワリーがひしめきあい、その数400社以上にのぼります。

台湾
TAIWAN

2002年1月まで台湾のビール製造は専売制で、ピルスナーのみ。しかし現在、マンゴーやパイナップルなどをブレンドしたフルーツビールが登場。マイクロブルワリーの設立も盛んです。

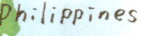
Philippines

インドネシア
INDONESIA

照りつける太陽のもと手が伸びるのを見計らってか、大手ビールメーカー数社がつくるのはピルスナーが主流。近年は、スタウトやエールをつくるマイクロブルワリーも出現しています。

フィリピン
PHILIPPINES

ピルスナータイプのほか、厳選した麦芽やホップのプレミアムビールが複数のメーカーから発売されています。ほかにもダークラガーや、アルコール度数の高いストロングアイスなども。

🇨🇳 中国

中国ビールの代表的銘柄

Tsingtao

チンタオ
青島ビール

LABEL

孔子の故郷である中国山東省の港湾都市・青島市。ラベルには旧市街に位置する青島湾の桟橋が描かれている。

ホップと麦芽の香りがほどよく調和している。口当たりがやわらかで、さわやかな苦みが口中に広がり飲みやすい。

アロマ ● ほんのり甘く、コーンのような香り。

香り

フレーバー ● かすかにナッツのコクを感じる。

外観

淡い黄金色。きめが細かく、やわらかい泡が立つ。

ボディ

ミディアム。ほどよいモルトの甘みがのど通りもよく、スムーズに飲める。さっぱりしていてクセがない。炭酸はやや弱め。

DATA

青島ビール
スタイル：アメリカンラガー（下面発酵）
原料：　大麦麦芽、ホップ、米
内容量：330 ㎖
度数：　4.7 %
生産：　青島啤酒股份有限公司

圖 池光エンタープライズ

〈主なラインナップ〉
・プレミアム
・スタウト

　青島ビールは、世界50か国以上で販売されているグローバルなビールブランド。

　中国東部の山東省にある青島は、1898年よりドイツの租借地となり、租借地経営の一環としてビール生産が行われた。1903年、ドイツの投資家がビール製造の開始を期して「ゲルマンビール会社青島株式会社」をおこす。当時は、設備も原材料もドイツから直輸入し、ピルスナーと黒ビールを生産していた。1906年にはミュンヘンの博覧会に出品され、金メダルを獲得している。

　第一次世界大戦後の1916年、「大日本麦酒株式会社」が工場を買収、その後30年間にわたって朝日、ヱビス、サッポロなどのビールが生産された。1945年の日本敗戦により、青島ビールの経営権は中国側に完全に接収、国営企業に。1993年には民営化されている。

🇸🇬 **シンガポール**

60か国以上に輸出される知名度の高いビール

Tiger
タイガー
ラガービール

LABEL
ブランド名の由来となったトラの姿が勇ましく描かれている。メタリックなブルーとオレンジの鮮やかなコントラストが特徴的。

のどの渇きを癒す、さわやかなラガー。ホップの苦みや香りとモルトの甘みがバランスよくまとめられ、世界でも評価が高い。

アロマ ● ほんのりと柑橘系のさわやかな香りがある。

香り

フレーバー ● 微量なモルト感を残す。ホップのさわやかでフルーティーな香りとともに、モルト由来のパンのようなフレーバーも。

外観

淡い黄金色。泡はきめ細やかで、炭酸は弱め。

ボディ

苦みのインパクトは強すぎず、後味としてアルコール香とともに余韻を楽しめる。

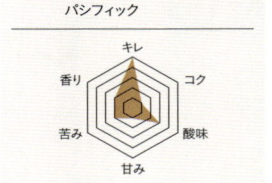

「DATA」

タイガーラガービール
スタイル：ラガー（下面発酵）
原料：　大麦麦芽、ホップ、コーン
内容量：330mℓ
度数：　5.0％
生産：　ハイネケン・アジア・パシフィック

（レーダーチャート：キレ、コク、酸味、甘み、苦み、香り）

🏳 日本ビール

シンガポール国内外で広く愛される銘柄。オーストラリア産のモルト、ドイツ産のホップにオランダ産の酵母、6回フィルターにかけたシンガポールの浄水を使用。地元では、「What time is it?」の問いに対し「Tiger Time!」と答えるCMで親しまれる。

1930年、オランダのハイネケン社がシンガポール大手企業のF&N社と合弁会社設立する合意を取りつける。前者がビール醸造技術を、後者は生産工場の提供や販売ルートを担当し、マラヤン・ブリュワリーズ社が誕生した。

1990年、社名をアジア・パシフィック・ブリュワリーズ社に変更。アジア全域に醸造所を構え、60か国以上に出荷を開始した。

🇱🇰 **スリランカ**

ビアハンター、ジャクソン氏も絶賛

Lion

ライオン
スタウト

LABEL
表には雄ライオン、裏には「ライオン・スタウト」を愛したビアハンター、マイケル・ジャクソン氏の写真。

ココナッツの風味豊かなカレーとマッチする味わい。現地ではココナッツからつくられた蒸留酒をブレンドして飲むことも。

アロマ ● チョコレートとカラメルの香り。

フレーバー ● チョコレートのふんわりした甘みに、シナモンのようなスパイス感が広がる。

香り

黒に近いダークブラウン。泡立ちと泡もちは極めてよい。

外観

ミディアム。クリーミーな液体。マイルドな口当たりとともにモルトとカラメルの甘み、酸味が口一杯に広がる。フィニッシュにアルコール感があり、苦みと渋みの余韻が味わえる。

ボディ

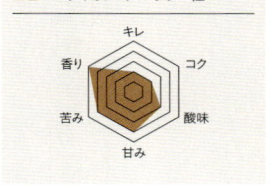

DATA

ライオン・スタウト

スタイル：ストロングスタウト（上面発酵）
原料： 麦芽、ホップ、糖類、カラメル
内容量： 330㎖
度数： 8.8％
生産： ライオン・ブルワリー社

画 池光エンタープライズ

〈主なラインナップ〉
・ラガー
・インペリアル

　1881年に創業したライオン・ブルワリー（旧セイロン・ブルワリー）は、アジア最古（日本を除く）の醸造所。旧セイロンを植民地としていたイギリスの醸造技術を基にしている。紅茶の産地として有名な、標高1800メートルにあるヌワラエリヤの湧き水を使用。

　「ライオン・スタウト」は、世界中のビールを求め、クラフトビールの品質向上に多大なる貢献をしたビアハンター、故マイケル・ジャクソン氏をして、「まるで上質のリキュールのような上品な甘さと、そのほのかな甘い香りの後から感じられるどっしり濃厚な味わいは、他の追随を許さない」と言わしめた逸品。

　モンドセレクションで金賞を6回受賞するなど世界的評価は高く、2014年、優秀品質最高金賞受賞。1988年には、ベルギーのビールコンクールでも金賞を獲得している。

インドネシア

「星」の名を冠するインドネシア代表

Bintang

ビンタン

LABEL
「ビンタン」はインドネシア語で「星」の意味。ラベルに赤い一つ星があしらわれている。

やわらかな苦みとほのかな甘みをもち、スッキリとした飲み口。モンドセレクションで、4年連続金賞を受賞している。

アロマ ● ほのかな甘みとアルコール香。

香り

フレーバー ● アルコール香とホップの香りが余韻を残す。

淡い黄金色。

外観

すっきりした飲み口で、酸味の存在感が苦みに勝る。炭酸やモルト感は弱め。後味にはやわらかな苦みが続く。

ボディ

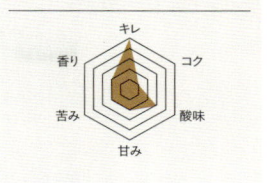

DATA

ビンタン
スタイル：ピルスナー（下面発酵）
原料：　麦芽、ホップ、糖類
内容量：330mℓ
度数：　4.8％
生産：　PTマルチ・ビンタン社

〔輸〕池光エンタープライズ

　「ビンタンビール」は、インドネシアでのシェア70％を超える、同国を代表するビール。

　製造元はPTマルチ・ビンタン社。かつてオランダの植民地であったインドネシアでは、1929年からオランダのハイネケン社がハイネケンビールの販売を始めたが、1967年に政府公社との合併により同社が誕生した。そのため、現在もハイネケングループに属する。

　「ビンタン」はインドネシア語で「星」の意味。モンドセレクション以外でも、2011年には世界最古の国際ビール品評会である「ブルーイング・インダストリー・インターナショナル・アワーズ（BIIA）」において金賞を受賞するなど、国際的にも優れたピルスナービールであると評価されている。インドネシアの気候によく合う辛口でキレのよい味わいは、サーファーなどにも人気。

🇵🇭 フィリピン

地元に愛される多種多様なラインナップ

San Miguel

サンミゲール
スタイニー

軽快で口当たりがなめらか
な辛口タイプ。甘い香りとピ
リッとしまったのどごしのよ
さが特徴。

アロマ ● 甘い香りと、ほのかにホップの香り。
フレーバー ● 淡くライトな液体。わずかな酸味を感じる。

香り

外観

ライトテイストな黄金色。炭酸が強く、大きな泡が立ち上る。

ボディ

ビールを口に含むとほのかな甘みが口全体に広がる。すっきりして飲みやすいなかに、甘み、酸味、苦みのバランスのよさが光る。

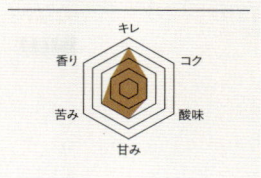

DATA

サンミゲール・スタイニー
スタイル： ピルスナー（下面発酵）
原料： 麦芽、ホップ、穀類
内容量： 320㎖
度数： 5.0 %
生産： サンミゲール社

圖 日本ビール

〈主なラインナップ〉
・ダーク
・プレミアムオールモルト
・レッドホース
・アップルフレーバー

　設立は1890年。清涼飲料、洋酒、食料品を扱う食品会社としてスタート。1914年から上海、香港、グアムに輸出し、1948年には香港に醸造所を設立。東南アジア初のびん詰めビール生産のベストセラー醸造所となった。香港に醸造所があるため、同ビールを香港のビールと認識している人も多い。

　現在もフィリピンのビールマーケットにおいて約90％のシェアを占めており、サンミゲールビール商品の輸出国は60か国以上にのぼる。「サンミゲール」の名称は、スペイン語で「聖ミカエル」に由来する。これは、1500年代から1800年代終わりまでフィリピンがスペインの植民地だったことによる。「サンミゲール・スタビー」とも呼ばれ、320㎖容量のほか、1000㎖ボトルも生産されている。

台湾

日本人が興した
台湾最大のビールブランド

Taiwan Beer

台湾ビール
金牌

アロマ ● 華やかなホップの香り。蓬莱米による独特な芳香がある。
フレーバー ● 甘く、かすかにモルトの香りが鼻に残る。

香り

外観

明るいオレンジ色。炭酸は弱めだが、豊かな泡をもつ。

ボディ

ライトボディ。苦みはそれほど強くなく、キレのよいクリアな味わい。

DATA

台湾ビール 金牌

スタイル	ピルスナー(下面発酵)
原料	大麦、ホップ、蓬莱米
内容量	330㎖
度数	5.0%
生産	台湾タバコ&リカー

圖 池光エンタープライズ

LABEL
世界のビール評議会で金メダルを5回受賞。メダルのデザインをラベルにあしらっている。

　「何が一番新鮮? 台湾ビールだ」をスローガンに掲げる台湾最大のビール・ブランド。もっとも評価が高い「金牌」は従来の蓬莱米に加え、ドイツ産高級ホップを使用し、より芳醇な香りに高めている。

　前身となった高砂麦酒株式会社は、日本人実業家が1919年に設立した台湾初のビール工場。2002年に現在の台北ビール工場となった。

🇻🇳 ベトナム

国内シェアは最大。
ベトナム料理に最適のビール

Saigon
サイゴン
エクスポート

DATA

サイゴン・エクスポート
スタイル：ピルスナー（下面発酵）
原料：　麦芽、ホップ、米
内容量：335mℓ
度数：　5.0%
生産：　サイゴンビール・アルコール・
　　　　ビバレッジ社

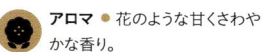 池光エンタープライズ

〈主なラインナップ〉
・サイゴン・スペシャル
・333（バーバーバー）

アロマ ● 花のような甘くさわや
かな香り。
香り
フレーバー ● ほのかなアル
コール香とモルト香がある。

透明に近い琥珀色。泡立ちの
よいきめ細かな泡。
外観

口に含むと酸味を感じる。口当
たりはさっぱりと軽やかなドライ。
ボディ

LABEL
輸入品の「エクスポート」
は赤いラベル、現地で飲
める同製品は緑のラベル
を使用している。

　ベトナムでのシェア70%を誇
る「サイゴン・ビール」は、ベト
ナム第2の都市・ホーチミンを
代表するビール。ベトナム初の
国産ビールであり、地元では一
般的に、ジョッキに大きめの氷
を入れ、常温のビールを注いで
飲んでいる。ただ、味が薄まる
のであまりおすすめはしない。

日本

明治から現在に至るまで一貫した
国民に愛されるビールづくり

　日本のビールづくりは、明治の開国とほぼときを同じくして始まりました。初期のころは小規模な醸造所も登場しましたが、現在の大手につながる大規模なメーカーが中心となって市場が形成されていきます。政府の方針でビールに酒税がかけられるようになると、業界の再編が加速度的に進みました。第二次世界大戦後には戦前からの4社（キリン、アサヒ、サッポロ、サントリー）と、沖縄のオリオンビールの5社体制が確立。とくにキリンが国内シェアの6割強を占め、一強時代が長く続きます。

　その状況に風穴を開けたのが、「アサヒスーパードライ」という画期的な開発でした。以後、アサヒは売り上げを拡大しキリンも「一番搾り」で対抗。サッポロ、サントリーも独自の路線で市場を開拓するなどシェア争いが流動的に。

　現在、大手各社は厳選素材を使用したプレミアムビールから、消費者のニーズを捉えた糖質オフや、アルコール風飲料など、多彩なラインナップを発表。また近年ではピルスナーだけではない、さまざまなスタイルのビールも味わえるようになってきています。

キリン

明治からいままで一度も名前を変えていない唯一の老舗メーカー。ラガーのラベルも120年間変わらないなど、いまなお日本ビール界の顔として君臨している。

アサヒ

キリンとともに日本を代表するメーカーに急成長したアサヒ。スーパードライの発表を皮切りに、雑味を排したクリアなビールづくりに磨きをかけている。

サッポロ

かつては東日本を中心に高いシェアを誇った。戦後はびん入りの黒ラベルで全国区に。新ジャンル市場を開拓するなど高い技術力に定評があるメーカー。

ヱビス

低価格がもて囃されがちな風潮があるなか、高級路線で差別化を図って成功したブランド。ビール好きを魅了するプレミアム市場を確立した功績は大きい。

サントリー

洋酒メーカーだったが戦後、ビール市場に本格参入した。長い間、苦戦が続いたが現在では2大メーカーに次ぐ規模に成長。さらなる躍進に期待がかかる。

オリオン

戦後、沖縄返還よりも前に醸造を始め、いまでは「沖縄＝オリオン」と誰もが思い浮かべるほど定着している。気候に合ったビールづくりが成功に結びついた。

シェア6割を誇った進化する老舗メーカー

キリン

Kirin

LABEL
発売時、欧州のビールのラベルには動物が描かれることが多く、それにあやかり麒麟を採用した。

2019年春、一番搾りがフルリニューアル。伝統の一番搾り製法はそのままに、ホップ配合を工夫することで「澄んだうまみ」がより感じられる味わいに進化。

COLUMN

「一番搾り」の 二番搾りは存在するのか？

　一般的なビールづくりでは、ろ過の工程で最初に出る一番搾りの麦汁と、渋みや苦みの元であるタンニン成分をより含む二番搾りの麦汁を混ぜる。では、最初の麦汁のみを使用する「一番搾り」の二番搾りはどんな味がし、どう使われているのだろうか。実は存在しない。贅沢に一回だけ搾ったら、糖分が残っていても、ろ過工程は終了。搾り終わった麦芽の穀皮は、家畜の飼料などに利用されている。

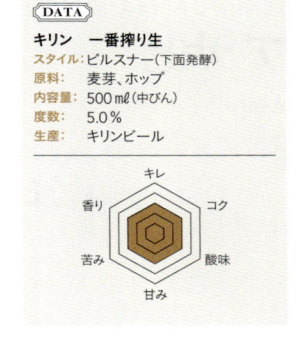

DATA

キリン　一番搾り生
スタイル：ピルスナー（下面発酵）
原料：麦芽、ホップ
内容量：500㎖（中びん）
度数：5.0％
生産：キリンビール

〈主なラインナップ〉
・クラシックラガー
・ラガービール
・ハートランド

　明治後期の1907年、ジャパン・ブルワリー・カンパニーを引き継いで誕生したキリンビール。お馴染みの麒麟のラベルが登場したのは前身時代の1889年。以来120年以上、ほとんど一貫して同じデザインを使用している。

　戦後、変わらない顔で再出発したキリンは「キリンラガービール」を筆頭に販売数量を拡大。ところがアサヒが「アサヒスーパードライ」で攻勢をかけてきた。

　そんな中、誰よりもビールの味がわかるプロフェッショナルが、一番飲みたい夢のピルスナービールとして生み出したのが「一番搾り」だった。ろ過の工程で出る贅沢な麦汁だけを使用したビールを、プレミアム商品としてではなく通常価格で販売したことにより「一番搾り」は大ヒットを記録する。

　他には、発泡酒の「淡麗」シリーズ、新ジャンルの「のどごし生」、アルコール分0.00％でビールテイスト飲料の「キリン零ICHI」などのラインナップがある。

画期的なドライで頂点に上りつめた

アサヒ

Asahi

LABEL
いまでこそ当たり前となったメタリック基調のデザインは発売当初、消費者に鮮烈なインパクトを与えた。

アサヒ独自の酵母を使用。発酵能力が高く、あまり糖分を残さないため、雑味がないスッキリした味わいに仕上がる。日本発祥のドライビールを体現した銘柄。

スーパードライ以外にも日本初がたくさん！

現在は当たり前となっているビールの風景のなかには、アサヒが日本で初めて世に出したものが多い。缶入りのビールはアサヒが1958年に初めてリリースしている。1968年には酵母入りのビールを発売。また、ビールのギフト券もアサヒが初。画期的なスーパードライは、こうしたチャレンジの歴史と文化によって生まれている。

（DATA）

アサヒスーパードライ

スタイル：ピルスナー（下面発酵）
原料：麦芽、ホップ、米、コーン、スターチ
内容量：334 ㎖（小びん）
度数：5.0 %
生産：アサヒビール

キレ／コク／酸味／甘み／苦み／香り

〈主なラインナップ〉
・スーパードライ ドライブラック

アサヒビールのルーツは、明治に設立された大阪麦酒にある。その後の合併により大日本麦酒となり、戦後は朝日麦酒と日本麦酒に二分割される。この戦後間もない時期、朝日麦酒は国内シェアのトップに立っていた。

次にアサヒが国内シェアNo.1の座に返り咲いたのは、それから半世紀近くがすぎた1998年のこと。その最大の原動力となったのが、1987年に日本初の辛口生ビールとして発売された「スーパードライ」だった。

スッキリとしたキレが持ち味で、どんな料理にも合わせやすい「スーパードライ」は、ビール業界に革命を起こすほどの空前のヒット商品となる。革新の手綱はゆるめられることなく、氷点下の「エクストラコールド」や「ドライブラック」などシリーズ商品を次々に発表。それぞれファンをつかんだ。

現在は、雑味がなくクリアな味わいの新ジャンル「クリアアサヒ」も「スーパードライ」とともにアサヒの躍進を牽引している。

北の大地で育まれた実力派メーカー

サッポロ

Sapporo

LABEL
前身の「サッポロびん生」時代の愛称"黒ラベル"が商品名になった珍しいケースである。

風味を劣化させる酵素をもたない、独自の麦芽を使用している黒ラベル。そのため、できたての生のひと口めのおいしさが持続するよう進化している。

「ドラフトワン」が開拓した新ジャンル

　ビールとは酒税法上、麦芽使用率67％以上のものをいう。1994年、麦芽率を65％に抑えた発泡酒「ホップス」がサントリーから発売され、発泡酒市場が誕生した。サッポロが2003年に発売した「ドラフトワン」は原料が麦芽ではなかったため、第3のビールと呼ばれた。その後、発泡酒にスピリッツを混ぜたものも登場し、現在はその両系統をまとめて「新ジャンル」と呼ぶ。

DATA

サッポロ生ビール黒ラベル

スタイル	ピルスナー（下面発酵）
原料	麦芽、ホップ、米、コーン、スターチ
内容量	334 ㎖（小びん）
度数	5.0％
生産	サッポロビール

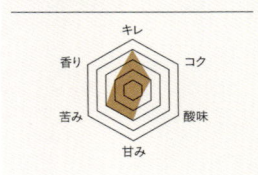

〈主なラインナップ〉
・The 北海道（地域限定醸造）

Japan

　明治新政府が1869年に開拓使を設置し、北海道の開発に乗り出す。さまざまな事業が展開されたなかに、サッポロビールの前身である開拓使麦酒醸造所がそのひとつとして誕生する。北海道の冷涼な気候はビールづくりに向いていたからである。

　1877年には開拓使のシンボルである北極星をマークとした、「札幌ビール」を販売。その後、大倉喜八郎率いる大倉組商会に払い下げられ、官営ビール事業は民営化された。「恵比寿ビール」を販売していた日本麦酒醸造会社とは1906年に合同する。

　戦後、蓄積してきた技術力をもとに生ビールの味わいをそのままびん詰めする製法の開発に成功。これが、現在のフラッグシップ「黒ラベル」へとつながっている。

　新しさを提案するビールづくりの気風は、エンドウたんぱくという意表を突いた原料を使用した「ドラフトワン」や、新ジャンルながらコクのある「麦とホップ」でも遺憾なく発揮されている。

プレミアムビールの先駆けブランド

ヱビス

Yebisu

LABEL
ゴールドの色づかい
と恵比寿様が縁起の
よさと高級感を感じさ
せる。贅沢なビール
にふさわしいラベル。

ドイツのビール純粋令に沿って
つくるヱビスは、北ドイツ生まれ
のドルトムンダースタイル。やさ
しい苦みと長期熟成による深い
コクが堪能できる至高の一本。

COLUMN

ヱビスビールのすべてを知ることができる場所とは?

ヱビス生誕120年の記念日に当たる2010年2月25日にオープンした「ヱビスビール記念館」は、ヱビス通になれること間違いなしのスポット。同館のおすすめは、専門ガイドがヱビスの歴史や楽しみ方を案内する「ヱビスツアー」。館内には各種ヱビスを堪能できるテイスティングサロンも併設されている。

※入館は無料だが、ヱビスツアーおよびテイスティングサロンは有料。

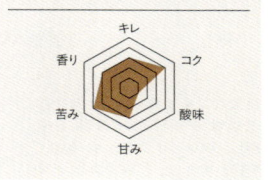

DATA

ヱビスビール
スタイル:ドルトムンダー(下面発酵)
原料: 麦芽、ホップ
内容量: 334㎖(小びん)
度数: 5.0%
生産: サッポロビール

〈主なラインナップ〉
・ヱビス マイスター
・ヱビス 華みやび
・ヱビス プレミアムブラック
・琥珀ヱビス

"ちょっと贅沢なビール"として知られるヱビス。その始まりは明治時代までさかのぼる。サッポロビールの前身である日本麦酒醸造会社が設立され、「恵比寿ビール」を1890年に発売する。

恵比寿ビールは販売早々爽快な味わいが評判となり、人気を博す。その人気は偽ブランドが頻繁に現れるほどであった。また日本麦酒は1899年、ビールのうまさを世間に広めるために現在の東京・銀座に「恵比寿ビヤホール」を開業する。連日大入り満員の盛況であったという。

第二次世界大戦中、ビールが配給品となり、全ブランドが消滅したことで、恵比寿ブランドも一時消滅したが、1971年に復活。戦後初の麦芽100%のドイツタイプに仕上げた。以後、いまではジャンルとして確立されているプレミアムビールの先駆的ブランドとして、「ヱビス マイスター」「ヱビス 華みやび」「ヱビス プレミアムブラック」「琥珀ヱビス」などのシリーズを展開している。

プレミアムビールの進化が続く

サントリー

Suntory

良質な二条大麦に加え、希少な
伝統種"ダイヤモンド麦芽"を使
用し、"ダブルデコクション製法"
を採用することで"深いコク"を実
現。欧州産アロマホップを最適な
タイミングで投入する"アロマリッ
チホッピング製法"を採用すること
で、華やかな香りを引き出す。

LABEL

リニューアルにあたり、2017年
より高級感が感じられるデザイ
ンに。プレミアムビールづくりに
対する自信を表現すべく、"THE
PREMIUM"を堂々と表記。

COLUMN

「ザ・プレミアム・モルツ」に見られるこだわりとは？

地下からくみ上げた良質な天然水で醸造することで、こだわりの素材本来の味わいを最大限に引き出す。また、飲む瞬間までの品質に徹底してこだわり抜くことで、珠玉の一杯を堪能することができる。

DATA

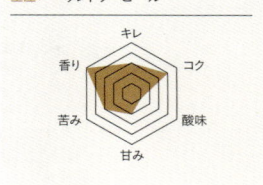

ザ・プレミアム・モルツ
スタイル：ピルスナー（下面発酵）
原料：　麦芽、ホップ
内容量：350ml（缶）
度数：　5.5％
生産：　サントリービール

〈主なラインナップ〉
・ザ・プレミアム・モルツ〈香る〉エール
・〜ザ・プレミアム・モルツ〜マスターズドリーム

創業は1899年、葡萄酒製造販売会社の鳥井商店である。1921年に株式会社壽屋を設立。1928年の「カスケードビール」の日英醸造の工場を買収し、1930年に「オラガビール」を発売した。しかし売上不振で1934年に撤退。

再度参入したのは、社名を「サントリー株式会社」に変更した1963年のこと。1968年、フィルターで酵母を除去した「純生」を発表し、酵母の有無と生ビールの定義が議論された。結果、「熱処理しないものが生ビール」という日本独自の新しい定義が生まれた。その後、同社はプレミアムビール路線で活路を見出し、「ザ・プレミアム・モルツ」でファンの心をつかんで売上を伸ばした。一方、新ジャンルでは、"旨味麦芽"使用の「金麦」が存在感を示している。

各商品を貫くのは徹底した水へのこだわり。コーポレートメッセージに「水と生きる」を掲げるサントリーは、商品に適した天然水を選び、その水が採れる地に工場を建設している。

沖縄に根づく唯一無二のブランド

オリオン

Orion

LABEL
沖縄の太陽、空、海を
感じさせるシンプルな
デザイン。季節・地域
限定の各種デザイン
缶も人気が高い。

のどごしのよさと
マイルドな味わい
が特徴。麦芽の
うまみを感じつつ
も、さわやかな飲
み口からくる爽快
感を実現させた。

沖縄で飲む
オリオンビールが
おいしい理由とは？

　ドイツには"ビアライゼ"という、「ビール紀行」といった意味をもつ単語がある。かつてオリオンは沖縄でしか飲むことができず、"ビアライゼ"する必要があった。現在は日本全国で楽しむことが可能。だが、オリオンはいまなお現地で飲みたい一杯。さわやかなのどごしと新鮮さ。この魅力は南国の気候のなかでこそ発揮され、ビールと生まれた地は切り離せない関係にあると気づかせてくれる。

DATA

オリオンドラフトビール

スタイル：ピルスナー（下面発酵）
原料：麦芽、ホップ、米、コーン、スターチ
内容量：500 mℓ（中びん）
度数：5.0 %
生産：オリオンビール

〈主なラインナップ〉
・オリオンいちばん桜
・オリオン夏いちばん

　沖縄の定番、オリオンビールが発売されたのは本土復帰前の1959年のこと。みそやしょう油の醸造技術をもとに、県内でもっとも水の硬度が低かった県北部の名護でビールづくりが始まった。

　発売当初は、どちらかといえばコク重視のドイツ風の味わいだった。当時はほかの大手ビールの勢いが強く、沖縄県内でもシェアはわずかと苦戦していた。現在のように沖縄県内でトップのシェアを誇るようになったのは、気候に合わせてゴクゴク飲めるアメリカンタイプのライトな味わいにリニューアルしてから。この味わいの転換と地元産業保護のための特別税制とが相まって、オリオンビールは沖縄県を代表するブランドに成長する。

　2002年にアサヒビールと提携関係を結んだ後は、「ドラフトビール」のほかにホップの香りが印象的な「いちばん桜」や「夏いちばん」、麦とホップの爽やかな味わいの「麦職人」、糖質ゼロの「ゼロライフ」や、すっきり爽快な味わいの「サザンスター」などのラインナップを揃えている。

ビールの資格

話のネタになるものから、仕事に使えるものまで、
ビールにまつわる資格はさまざま。
国内で取得できる代表的な資格や検定、講習などを紹介します。

ビアテイスター

ビールの基礎知識からテイスティングの方法まで、ビールにまつわる幅広い知識をもった人に贈られる資格です。「ビアテイスター・セミナー」に出席後、認定試験を受ける流れが一般的。認定講座は、東京や大阪、横浜の会場で不定期開催されています。詳細（http://www.beertaster.org/）

ビアアドバイザー

飲食・サービス業の知識とともに、世界のビールを的確な専門知識でお客様に提供できる資格です。資格認定には、試験のない通信コースと、DVD受講後に認定試験を受験するコースのどちらかを選択します。詳細（http://www.bsa-w.com/）

ビアソムリエ

ビールに関する知識やマナー、料理との相性、ビアカクテルのつくり方まで、幅広い知識を身につけられる「ジャパンビアソムリエ協会認定講座」を受講後、認定試験に合格することで得られます。日本で唯一の、ドイツおよびオーストリア大使館後援資格。詳細（http://www.beersom.com/default.html）

日本ビール検定（びあけん）

ビールの歴史や製法、飲み方を中心に、幅広い知識を問う検定です。ビールの楽しみ方を広げられる3級から、専門的な知識を要する1級まで。2012年9月の第一回検定では、述べ5000人以上が受検しました。成績優秀者には、うれしい特典も。詳細（http://www.kentei-uketsuke.com/beer/）

ビアジャーナリストアカデミー

ビールの歴史やつくり方、ビアスタイルなど、ビールを正しく伝える文章表現からブルワリーへの取材手法まで、ビアジャーナリストになるための技術を学べる講座です。受講期間は約4か月。講師陣には現役編集者やプロカメラマンを迎えています。詳細（http://www.jbja.jp/）

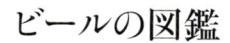

ビールの図鑑

PART 2

ビールの基礎知識と楽しみ方

この章では、ビールのおいしさの秘密と
おうちでもっと楽しく
もっとおいしく
飲む方法を紹介します。

ビールの原料

BEER MATERIAL

日本の酒税法では、麦芽（ばく が）、ホップ、水およびその他の政令で
定める物品がビールの原料と定められています。
それぞれの原料について詳しく紹介します。

ビールの味や香りの
決め手となる
麦芽
（モルト）

麦芽とは麦を発芽させたものです。麦か
ら麦芽をつくる目的は、麦に含まれるデンプ
ンやタンパク質を糖やアミノ酸に分解するた
めの、酵素を生み出すことです。

糖は酵母に食べられ分解されることで、ア
ルコールと二酸化炭素（炭酸ガス）になりま
す。また、アミノ酸は酵母が生きるために必
須の栄養素です。酵母はデンプンやタンパク質をそのままでは食べら
れないので、ビールづくりには麦を麦芽にすることで生まれる酵素が
必要なのです。

また、麦芽はビールの味や香りにも影響します。麦芽のなかには、
ビールの色のバリエーションを広げる目的で使われる「色麦芽（濃
色麦芽）」と呼ばれるものがあり、褐色や黒いビールなど、さまざまな
ビールをつくることができます。

主な麦芽の種類

多くのビールで使われている基本の麦芽から、多様な色を生み出す
ための色麦芽（濃色麦芽）まで代表的な6つの麦芽を紹介します。

ペールモルト

基本の麦芽。淡色麦芽とも呼ばれる。時間をかけて低温で乾燥させたもの。多くのビールに使用されている。

ウィートモルト

小麦の麦芽。タンパク質を多く含むためビールを白濁させる作用がある。ビールの泡もちもよくなる。

ウィンナーモルト

色麦芽。ペールモルトよりやや高温で乾燥させたもの。赤みがかった色みと、ナッツのようなこうばしさが特徴。

カラメルモルト

色麦芽。麦芽に水を含ませてから乾燥させたもの。カラメル香の強い、甘みのあるビールになる。

チョコレートモルト

色麦芽。名前の通り、チョコレートのような色。ウィンナーモルトと同じく、こうばしいナッツの風味をもつ。

ブラックモルト

色麦芽。高温で焦がしたもの。スモーク臭がつくものもあり、スタウトなど、黒いビールに使われる。

心地よい苦みと香りを与える
ホップ

　ホップは、雄株と雌株が別々のつる性の植物です。収穫の時期には、約7mの高さまで成長します。ホップの役割はビールに特有の苦みと爽快な香りを与えることです。ビール醸造には、主に未受精の雌株の花を使います。これを「球花」と呼びます。ビールに特有の苦みや香りを生み出す成分は、この球花の中の「ルプリン」と呼ばれる器官のなかにあります。

　ホップの成分にはビールの泡の形成や泡もちをよくする作用や殺菌作用があります。さらにホップに含まれるポリフェノールにはタンパク質と結合し沈殿することでビールを清澄化する働きもあります。

ホップのタイプと特徴

ホップは醸造評価に基づき、商取引において「ファインアロマホップ」「アロマホップ」「ビターホップ」の大きく3つに分けられることがありますが、信州早生（日本）、ソラチエース（日本）、ネルソンソーヴィン（ニュージーランド）のように、いずれの分類にも属さない品種もあります。

タイプ	特徴（香味）	主な種類	主なスタイル
ファインアロマホップ	アロマホップやビターホップに比べて穏やかな香りをもつ。	ザーツ（チェコ）、テトナング（ドイツ）	ピルスナー、シュバルツなど
アロマホップ	ファインアロマに比べて強い香りをもつ。	ハラタウトラディション、ペルレ（ドイツ）、シトラ、カスケード（アメリカ）	ジャーマン・ピルスナー、ボック、ヴァイツェンなど
ビターホップ	ファインアロマやアロマに比べて、苦みが多い。	マグナム、ヘラクレス（ドイツ）、ナゲット、コロンバス（アメリカ）	エール系、スタウトなど

※ホップは製造工程のなかで数種類を使用するため、必ずしも「スタイル＝特定のホップ100％」ではありません。

水質の違いでビールの特徴が変わる
水

　ビールの原料は9割以上が水です。ビール醸造には、カルシウムやマグネシウムなどのミネラル成分を適度に含んだ水が適しています。また、水に含まれるカルシウムやマグネシウムの総濃度を示したものを水の硬度といい、総濃度が高いものを硬水、低いものを軟水と呼びます。一般的に濃色ビールには硬水、淡色ビールには軟水が適しているといわれています。

土地が変われば水質も変わるもの。その水質の違いは、つくられるビールに個性を与えることがあります。たとえば、ペールエールはバートン・オン・トレントの硬水でつくられたからこそ豊かなフレーバーになり、ピルスナーもピルゼンの軟水だからこそすっきりとさわやかな味わいが生まれたのです。

硬水

カルシウムやマグネシウムなどミネラル成分を多く含む水。ビールの色を濃く、味わいを深くする作用がある。ミュンヘン地方は硬水であるため、ミュンヘナーなどのコクのある濃い色のビールができた。

主なスタイル
・ペールエール
・ダークラガー

軟水

カルシウムやマグネシウムなどのミネラル成分が少ない水。ビールの色を薄く、シャープな味わいにする作用がある。日本の水はほぼ軟水であり、多くのメーカーによってつくられているピルスナーに最適。

主なスタイル
・ピルスナー
・ライトラガー

ドイツ硬度（°dH）	水質	有名なビール産地
0〜4	非常に軟水	ピルゼン
4〜8	軟水	日本、ミルウォーキー
12〜18	やや硬水	ミュンヘン
30以上	非常に硬水	ウィーン、バートン・オン・トレント

※ビール醸造では、ドイツ硬度（単位：°dH）が使われます。
　1°dH：水100ml中にCaOが1mg含まれる

ビールへのひと工夫に
副原料

　日本では、酒税法においてビールの副原料として使用できるものを「麦その他政令で定める物品」として定めています（下記参照）。

　副原料は、主にビールの味を調整するために使われる麦や米、とうもろこしなどと、味

付けや香り付けで使われる果実や香味料があります。麦や米を使い麦芽の使用量を減らすことで、すっきりした味にすることができます。また、副原料の種類や比率によってビールに特徴的な味を付与することもできます。

ビールに使用できる主な副原料

- 麦（大麦のほか、小麦、ライ麦など）
- 米
- とうもろこし
- デンプン（コーンスターチなど）
- 着色料（カラメル）
- 果実および香味料（香辛料、ハーブ、野菜、茶、ココア、かつお節など）

エールとラガーをつくりわける
酵母
（イースト）

　ビール醸造に用いられる酵母は直径5~10ミクロンの微生物で、大きく上面発酵酵母と下面発酵酵母に分けられます。
　酵母は糖を分解してアルコールと二酸化炭素（炭酸ガス）を生成します。これは、発泡性の酒であるビールをつくるための大切な役割です。また、用いる酵母により、ビールの香りや味は大きく特徴づけられます。各ビールメーカーは数百～数千にもおよぶ酵母をストックし、そのなかからビールスタイルに合った最適な酵母を選択しています。

上面（エール）発酵酵母

発酵温度は15～25℃。発酵期間は3～5日と短い。副産物が多く、バナナに似たフルーティーな香りがするエステルが豊か。奥深い味わい。発酵中にブクブクと表面に酵母が浮かんで層をつくる。

下面（ラガー）発酵酵母

発酵温度は約10℃。発酵期間は6～10日と長い。シャープな飲み口。発酵タンクの底に酵母が沈む性質をもつ。上面発酵酵母は紀元前6000年に発見されたが、下面発酵酵母の発見は15世紀と新しい。

ビールの 製造工程

BEER MANUFACTURING PROCESS

固形の麦からビールをつくるためには、
実にたくさんの製造工程があります。
ここでは、ビールづくりに必要な製造工程を、
順を追って紹介します。

ビール製造の主な工程

ビールづくりは、麦から麦のもやしである「麦芽」をつくるところから、容器に詰められるまで、❶製麦工程、❷仕込工程、❸発酵・貯酒工程、❹熟成・貯酒工程、❺ろ過または熱処理、❻パッケージングと、大きく6つの工程で成り立っています。

❶ 製麦工程（せいばく）

大麦を発芽させてビールの主な原料である麦芽をつくる工程。製麦工程は、麦の発芽と生育に必要な水分を供給する浸麦工程、麦をもやし状にする発芽工程、乾燥させることで麦の成長を止め、麦芽の保存性も高める焙燥工程の3つに分けられます。

浸麦で発芽を促し、麦から麦芽へ

　麦を水中に浸漬して発芽と生育に必要な水分を供給することを「浸麦」と呼びます。麦は浸麦中も呼吸を続けているため、空気の吹きこみや水の入れ替えを行って酸素を与えます。浸麦では通常、水温約15℃で2日ほど給水させます。

　次に、麦を15℃前後に保たれた発芽室に移して発芽を促進させます。この発芽行程中に、デンプンやタンパク質を分解する酵素が生成します。

　さらにこの後、発芽した麦の成長を止めて保存性を高めるために麦芽を乾燥させます。この工程を「焙燥」と呼びます。

ビールの色を調整する色麦芽づくり

焙燥

　モルトを熱風で乾燥させる工程のこと。淡色麦芽をつくる場合は、約50℃から80℃超まで温度を上げます。急激に熱を加えると麦芽の酵素が損なわれるので、低い温度から徐々に上げていきます。

焙煎（ロースト）

　濃色ビールに使われるカラメル麦芽、チョコレート麦芽、黒麦芽などはロースターで焙煎してつくります。焙煎工程を得た色麦芽をうまく使うことで、褐色や黒色など、さまざまなビールの色合いがつくられます。

❷ 仕込工程

原料から酵母が発酵するために必要な糖やアミノ酸が豊富に含まれた麦汁をつくる工程。まず、粉砕した麦芽や副原料と湯を混ぜて

粥状にします。この状態をマイシェと呼びます。マイシェのなかで麦芽の酵素を働かせることによって、デンプンやタンパク質を糖やアミノ酸に分解するのです。デンプンを糖に分解する酵素はアミラーゼと呼ばれ、タンパク質をアミノ酸に分解する酵素はプロテアーゼと呼ばれます。その後、ろ過によってマイシェから固形分を除きます。このスープを「麦汁」と呼びます。麦汁にホップを加えて煮沸をすることで、ビールに特有の苦みと香りを付与します。最後に、酵母が働きやすい温度にまで冷却します。

糖類やアミノ酸が豊富に含まれる麦汁づくり

1.麦芽の粉砕

　麦芽はローラー式の粉砕機で粉砕されます。細かく粉砕することにより、デンプンの糖への分解を効率的に進めることができます。ただし、細かすぎるとこの後のろ過の工程で目詰まりする原因となり、また、麦芽の皮（穀皮）に含まれるタンニンが過剰に溶出し渋みやエグみの原因となります。穀皮は粗く、穀粒の中身は細かくなるように麦芽粉砕を行います。

2.糖化

　粉砕した麦芽は温水と混ぜられ粥状の「マイシェ」となります。マイシェのなかでは麦芽の酵素の働きにより、デンプンは酵母が食べられる大きさの糖に分解され、タンパク質は酵母の栄養源となるアミノ酸に分解されます。この工程を「糖化」と呼びます。酵素にはそれぞれ働きやすい最適な温度があるため、マイシェの温度を段階的に変化させます。この工程は、温度の上げ方によって、大きく2つに分けられます（次頁、「仕込の方法」を参照）。

〈仕込の方法〉

インフュージョン法

マイシェを煮沸することなく全体の
温度を段階的変化させる方法。

デコクション法

マイシェの一部を煮沸し、そのマイ
シェを戻すことによってマイシェ全
体の温度を上げていく方法。

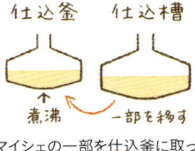

マイシェの一部を仕込釜に取っ
て煮沸。

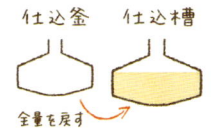

仕込槽に戻し、全体のマイシェ
の温度を高める。

3.麦汁のろ過

　マイシェのなかの固形分（穀皮部分など）がろ過により取り除かれ、
麦汁が得られます。この際、固形分自体がフィルターなります。

4.煮沸

　麦汁にホップを添加することで、特有の苦みや香りを与えます。ま
た、煮沸により麦汁を殺菌し、不快な香りを揮発させます。ホップに
は苦みをほとんど呈しないアルファ酸という成分が含まれており、煮
沸することでイソアルファ酸という苦み成分に変化します。ホップの
品種や投入する量、投入のタイミングによっても、ホップに由来する
香りや苦みは変化します。

5.麦汁冷却

　煮沸が終わった麦汁は、ホップに由来する固形物やタンパク質など

の凝集物が取り除かれ、酵母が働きやすい温度にまで冷却されます。

❸ 発酵・貯酒工程(前発酵／主発酵)

麦汁が発酵によりビールへと変化する工程です。麦汁中の糖から酵母の発酵によってアルコールと二酸化炭素(炭酸ガス)がつくり出されます。また、アミノ酸は酵母が生命活動を行うための栄養源として利用されます。

アルコールと炭酸ガスをつくり出す

　麦汁中の糖を酵母が食べ、アルコールと炭酸ガスをつくり出すのが「発酵」工程です。麦汁に酵母の増殖に必要な酸素を加え、酵母を添加します。

　ビールのアルコール度数は麦汁に含まれる糖の濃度によって決まります。糖の濃度が高いほど酵母の分解によって得られるアルコールの濃度も高まるからです。一般的にアルコール度数・糖度が高いほど飲みごたえのある味となり、低いとすっきりした味になります。糖やアルコールの濃度が高い環境では、酵母が生育や発酵を止めてしまう場合があるので、適した酵母を選び、発酵の方法を調整することが必要になります。

ビールのスタイルとアルコール度数

スタイル	度数	スタイル	度数
ライトラガー	3.5〜4.4%	ボック	6.5〜7.5%
ピルスナー	4.0〜5.0%	スコッチエール	6.2〜8.5%
イングリッシュペールエール	4.5〜5.5%	バーレイワイン	8.5〜12%

④ 熟成・貯酒工程（後発酵）

発酵が終わったビールは「若ビール」と呼ばれます。この「若ビール」を成熟させるのが熟成工程です。熟成中に、若ビールの不快な香りはなくなります。また、低温で熟成させることで味もマイルドになります。

ビールの風味が特徴づけられる

　発酵を終えたばかりのビールは味が粗く、未熟な香りを含むため「若ビール」と呼ばれます。これを低温で熟成させることで、好ましくないにおいの物質は別の物質に変換され感じられなくなります。一方で、酵母由来のフルーティーな香りに代表されるエステル類などの香り成分も生み出されます。また熟成期間中も残った糖分などの発酵が進むことにより、炭酸ガスがつくり出されます。この炭酸ガスは、ビール中の不快な香りを揮発させたり、ビール中に溶けこむことで、爽快なのどごしや、特有の泡をつくり出したりします。

〈熟成期間〉

　熟成期間は種類や酵母によってさまざま。適正な熟成期間を超えると望ましくないにおいがつき、ビールの泡もちにも影響を与えます。

上面発酵

　下面発酵ビールよりは短いか、ほぼない。

下面発酵

　約1か月。より短い期間で熟成させることもできる。

⑤ ろ過または熱処理

熟成後のビールは、品質の変化を防ぐために、ろ過により酵母を取り除くか、熱により酵母の活動を止めます。

ビールの品質を保持するためのろ過と熱処理

　熟成を終えたビールは、品質の変化を防ぐため、ろ過により酵母を取り除くか、熱処理により酵母の活動が止められます。ろ過には、小さな穴がたくさん空いた珪藻土や、1マイクロメートル以下の微小な穴をもつ合成樹脂性のフィルターなどが使われます。

「生ビール」とは?

　日本で「生ビール」と呼ばれているものは、「熱処理をしていないビール（非熱処理）」をさします。飲食店で提供される樽詰めのものをイメージしがちですが、熱処理をしていないビールであれば、詰められている容器とは関係なく「生ビール」なのです。

❻ パッケージング

ビールは、一般的に「びん」「缶」「樽」などの容器に詰めて出荷されます。

びん、缶、樽による製品化

　びんの場合は、洗浄されたびん内の空気を炭酸ガスによって追い出し、加圧状態にしてからビールを充填します。缶の場合には、製缶会社から送られてきた缶を洗浄した後、すぐに充填します。樽の場合には、回収された樽に洩れがないか検査を行い、洗浄の上充填します。いずれの場合も、ビールと酸素の接触を少なくし、酸化によるビール品質の劣化を防いでいます。

ビールの
おいしさの秘密
BEER DELICIOUS POINT

ビールのおいしさを演出する4つのポイント。
色、味、香り、泡について、
なぜビールはおいしいのか、その秘密を探りました。

Color

色

色でスタイルを判断する

ビールには金、白、茶、黒などさまざまな色があり、スタイルとも密接な関係にあります。たとえば、金色のビールはピルスナースタイル、赤銅色ならヴィエナ。茶色みを帯びた黒ならシュバルツ。はっきりとした黒ならポーターやスタウトなど、色でスタイルを見分けることができます。

色は麦芽から生まれる

ビールの色には麦芽（モルト）の種類が大きく影響します。とくに、濃色ビールでは色麦芽（濃色麦芽）を使うことで特有の色が生まれます。また、製造工程のひとつである「煮沸」での化学反応も影響しま

す。麦汁を煮沸する際に、麦汁のなかのアミノ酸と糖類の化学反応によって生まれる化合物がビールの色合いを変えてゆくのです。

色で品質がわかる

ビールが酸化反応を起こして劣化すると、赤みを帯びた色になります。また、ビールの清澄度も失われ、ぼやけた色合いになり味や香りの新鮮さも失われます。仕込工程のなかで余分なポリフェノールが麦汁中に溶出した場合も赤みがかった色になります。このようなビールは香りや味に調和のない粗いものとなります。色は品質を見極める重要なサインなのです。

Taste

味

ビールの味を決めるもの

ビールの味は、味と香りの相乗効果によってつくり出されます。ビール特有の味の特徴である苦みのほか、酸味や甘みなどもあります。酸味は発酵時に生成される有機酸、甘みは酵母に取りこまれずに残った多糖類などによって形成されます。また味覚以外では、香りの成分も味に影響します。

ビールの苦みをつくるホップ

一般的には、ホップがもつ苦み成分のイソアルファ酸の含まれる量が、苦みの強弱を決定します。ビールの苦みはいつまでも舌の上に

残るような苦さではなく、すぐ消えるようなものがよいとされています。ファインアロマホップやアロマホップなどを使用することで、より上品な苦みになります。

品質の評価を決めるもの

ビールの品質の評価には、「官能検査」という人間の五感を使った検査方法があります。なかでも、品質管理の場合には「分析型官能検査」が用いられます。①色・光沢・泡立ち・泡もち、②香り、③味、④後味、⑤濃醇さ、⑥苦みの強さ・質――といったいくつかの項目を個別に評価し、最終的に全体の調和を含めた総合評価を行います。

Aroma
香り

ビールの香りとは?

ビールの香りを表す言葉はふたつ。ひとつは鼻で感じる「アロマ」です。栓を抜いたときやグラスに注がれて広がる香りをさします。もうひとつは、ビールを口に含み、口から鼻に抜ける香りの「アフターフレーバー」です。ビールはこの香りを、味と合わせて「香味」という言葉で表現するほど、香りを重視しています。

香りの成分は200以上

ビールには、ホップなど原料に由来する香り、エステルなど発酵に由来する香り、経時的な成分の変化により生まれる香りなどがあります。

ビールの香りを担う成分は、確認されている化合物だけで200以上。ビールの香りは多様な成分が調和していることが重要で、特定の成分が極端に多くなることはあまりよしとされていません。

香りの表現と評価

ビールの香りは、具体的な植物や食品にたとえて表現されます。たとえば、ヴァイツェンの香りは「クローブやナツメグに似たフェノール香と、バナナのようにフルーティーなエステル香」と表現されます。ほかにも、「コーヒーのようなこうばしさ」や「バラの花のような華やかさ」など、ビールの個性に合わせた多様な表現が用いられます。

Head

泡

泡の強さとその成分

ビールは泡もちのよさが特徴です。泡のなかは炭酸ガス。周りの膜を強化しているのは、タンパク質とイソアルファ酸です。タンパク質は麦芽由来、イソアルファ酸はホップ由来の成分になります。このため、このふたつの原料をたっぷり使ったオールモルトビールのほうが、一般的に泡は豊かになります。

泡のもつ役割

泡は、ビールの炭酸ガスや香りが、空気と接触して酸化するのを防ぐ蓋のような役割を担ってグラスに注がれます。よい泡のビールを

一定量ずつ同じ場所に口をつけて飲むと、ジョッキの反対側に等間隔の泡の平行線ができます。これをレーシング、ベルジャンレースなどと呼び、上手な飲み方の証とされます。

泡もちの秘訣は畑から

世界中でビールの泡についての研究が進められ、ビールの泡もちをよくさせる麦芽由来のタンパク質の特定が試みられてきました。その結果、泡の安定に関わるいくつかのタンパク質が見つかっています。これらの研究結果は、泡もちのいい大麦の育種などにも生かされています。

ビールの飲み方と温度
BEER HOW TO & HEAT

冷蔵庫から出したばかりのキンキンに冷えたビールを
一気にグッと飲むのもおいしいのですが、
ほかにもビールを楽しめる飲み方がいろいろとあります。
おいしいビールが手に入ったら、ぜひお試しください。

ビールは五感で楽しむ

ビールの本当のおいしさを味わうコツは、ビールの世界に浸りきること。五感のすべてを目の前の一杯に向けて、その魅力を余さず感じ取りましょう。

最初は「聴覚」。王冠を抜くときや、プルタブを引いたときの「プシュッ」と炭酸が抜ける音、泡の弾ける音を楽しみます。グラスに注ぐときは、泡をきちんと立てましょう。そうすると適度に炭酸ガスが抜け、ビール本来の香味が引き立ちます。

グラスに注いだら、ビールのおいしさを「視覚」でも楽しみましょう。ピルスナーの明るく澄んだ金

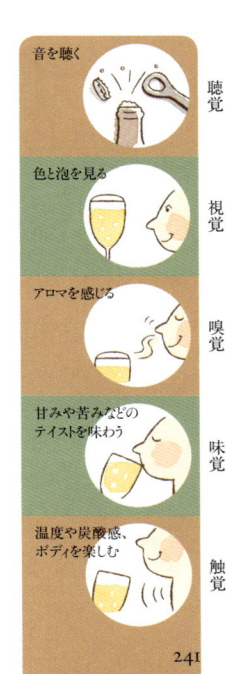

ビールを味わうポイント

音を聴く　聴覚

色と泡を見る　視覚

アロマを感じる　嗅覚

甘みや苦みなどのテイストを味わう　味覚

温度や炭酸感、ボディを楽しむ　触覚

色、漆黒のスタウトと泡のコントラスト。スタイルの違いはもちろん、泡の様子やビールの色は、同じスタイルのビールでも注ぐ容器や注ぎ方でさまざまに変化します。

　グラスを持ち上げれば、「嗅覚」にアロマが、そして、「味覚」も合わさってフレーバー（香味）が感じられます。香りには、ホップ香や麦芽香、果実香などが現れます。泡の口当たり、口中での触感や炭酸の刺激、ボディの重さは「触感」で感じるものです。ビールの触感をのどで感じるためには、背筋を伸ばして飲むのもおすすめ。のどごしをより楽しむことができます。

スタイルに合った温度がある

　料理をおいしく食べるためには「温かいものは温かいうちに、冷たいものは冷たいうちに」というように、ビールにもおいしく味わうための温度があります。端的にいえば、エールは常温程度で、ラガーは低めの温度がよりおいしく飲めるといわれています。

　香りが持ち味のエールは冷やしすぎに注意を。香りは揮発性の物質なので、温度が高いほうが感じやすくなります。上面発酵のスタウ

〈飲みごろ温度にするには？〉

　一般的なラガーの場合、家庭用の冷蔵庫で3〜4時間くらい冷やすと、飲みごろの4〜8℃になります。早く冷やしたいときは、大きめの容器に氷水を張って、その中でびん・缶を冷やします。

　エールやヴァイツェンなど香りを楽しみたいビールは、温度が下がりすぎるのを防ぐため、新聞紙などに包み、野菜室で保管するのがよいでしょう。

ト、ポーター、アルト、ケルシュ、ヴァイツェンは常温程度で飲むことで、その豊かな香りを余すことなく感じることができます。

実はラガーであっても冷やしすぎには注意が必要です。ビールの成分の凝固や濁りが発生し、泡もちが悪くなることも。保管時の温度に気をつけましょう。

スタイルごとの適温の目安は右の図の通りです。「アルコール度数の高い銘柄は少し上げる」などのアレンジを加えてもよいでしょう。

スタイルと飲みごろ温度

STYLE
ラガー
4℃～8℃

STYLE
ピルスナー
ケルシュ
9℃

STYLE
ベルジャンスタイル・ホワイトエール
10℃

STYLE
ヴァイツェン
10℃～12℃

STYLE
ベルジャンスタイル・ストロングエール
10℃～13℃

STYLE
ペールエール
ブラウンエール
13℃

STYLE
バーレイワイン
16℃

おうちビアを楽しむ

ビールはいつどこで、誰と飲んでもいいものですが、
なんといっても「おうちビア」こそ、私たちの日常です。
まったりとくつろぎながら、最高のビールをいただきましょう。

1 度目 → **2** 度目

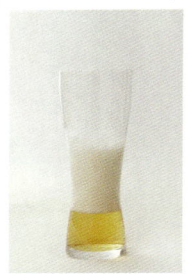

上から
勢いよく注ぐ

水平なテーブルにグラスを起き、ビールを勢いよく、グラスの半分程度まで注ぎましょう。グラスと缶は、30cmほど離すと泡が立ちやすくなります。

泡が
落ち着くのを待つ

粗い泡が落ち着いて消えるのを待ちます。下から少しずつ液が上がり、泡もきめ細かになっていく様子がわかります。液と泡が5:5になるまで待ちましょう。

2度目を
ゆっくり注ぐ

2度目は、グラスの縁に缶の口を近づけ、ゆっくりていねいに注ぎます。こうすることで、泡の蓋が崩れず、そのまま上に持ちあがってきます。

３度注ぎ
でおいしさ UP!

おいしさを引き出す
ビールの美しい注ぎ方

いつもおうちで飲むのはやっぱり缶ビール！どんな状態のビールでも、必ずおいしく美しいビールができる、プロ技の「3度注ぎ」で、おうちビアを楽しみましょう。

３
度目

もう1度、泡を待つ

9割程度まで注いだら、いったん止めてもう1度泡が落ち着くのを待ちます。液と泡の状態は、6：4程度になるとよいでしょう。

最後までゆっくり注ぐ

グラスの縁に沿って、少しずつ注いで泡を押しあげていきます。ピルスナーなど泡の強めなビールは、グラスから泡が1.5cm盛りあがるくらいの量がベスト。

ビールと泡が7:3で完成

液と泡の比率は、7：3がもっとも美しいとされています。何度か練習して、コツをつかんでいきましょう。

缶でもびんでも
3度注げばおいしく美しい泡立ちに

　おいしいビールの絶対条件ともいえるのが、クリーミーでコシのある泡です。本書でも何度か触れていますが、泡はビールの劣化やガス抜けを防ぐ、蓋の役割をもつ大切な要素です。きめ細かい泡をつくって、ビールのうまみが逃げにくい状態をキープすれば、家でも最高の状態でビールを味わうことができます。

　とはいえ、自分で注いだビールは泡がすぐに消えてしまう、という人も多いのでは？　そこでおすすめなのが、「3度注ぎ」。ビールを3回に分けてグラスに注ぐ方法で、誰でも簡単に美しい泡がつくれます。

　まず、グラスは注ぎやすい大きめのものを用意しましょう。グラスを斜めにすると泡が立ちづらくなるので、水平なテーブルの上に置きます。ポイントは粗い泡が落ち着いて、きめが細かくなるのを待ってから次を注ぐこと。グラスのサイズにもよりますが、3度注ぎは平均2分強の時間を必要とします。待ちきれずに一気に注いでしまうと、泡は粗いままで消えやすくなってしまうのです。

　3度注ぎは、国内ビールメーカーも推奨している注ぎ方です。何度か練習して注ぎ方をマスターすれば、おうちビアがもっと楽しめるはず。びんはもちろん、家で一番飲まれている缶ビールでも、ぜひ試してみてください。

正しく保存して、おいしさを保つ
保存と冷やし方の基本

冷やしすぎ、凍結、高温はNG！保管場所のにおいにも注意を

　ビールはキンキンに冷やして飲むものと思われがちですが、過度な冷やしすぎはかえってビールの味を損ねてしまいます。

　ビールは、0℃を下回ると凍ることがあります。凍らないまでも、冷

やしすぎれば濁りを発生する場合があります。いずれの場合も、ビール本来のおいしさを損ね、凍結の場合は容器破損の危険もあります。アルコール度数の低いものほど、凍結しやすいので注意しましょう。

一方、高温での保存は香りのバランスを崩し、変色を起こします。とくに、直射日光下での保管は絶対に避けましょう。日光は、ゴムが焼けたような臭い（日光臭）の原因になります。

以上のことを考慮すると、ビールは暗く涼しい場所に保管し、飲む前に冷蔵庫で冷やすのがよいといえます。冷蔵庫で保管する場合は、冷気の直接あたる場所や振動が強いドアポケットなどは、避けるようにしましょう。

また、びんの王冠やアルミ缶はにおいを吸収しやすく、塩やしょう油の近くでは腐食の危険もあるとされています。漬物や灯油など、においの強いもののそばに置くのは避けて保管しましょう。

系図で覚えるビアスタイル

BEER STYLE GENEALOGY

ビールの特徴を知る上でかかせないビアスタイル。
その数は100種以上にもおよび、把握するだけでも大変です。
ここでは代表的なスタイルを、
発祥国とその後の発展を示す系図によりわかりやすくまとめました。

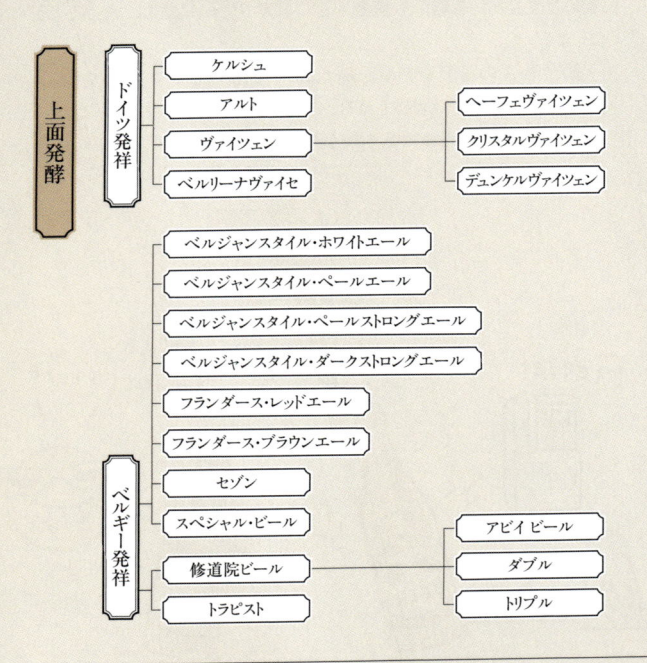

上面発酵

ドイツ発祥
- ケルシュ
- アルト
- ヴァイツェン
  - ヘーフェヴァイツェン
  - クリスタルヴァイツェン
  - デュンケルヴァイツェン
- ベルリーナヴァイセ

ベルギー発祥
- ベルジャンスタイル・ホワイトエール
- ベルジャンスタイル・ペールエール
- ベルジャンスタイル・ペールストロングエール
- ベルジャンスタイル・ダークストロングエール
- フランダース・レッドエール
- フランダース・ブラウンエール
- セゾン
- スペシャル・ビール
- 修道院ビール
  - アビイビール
  - ダブル
  - トリプル
- トラピスト

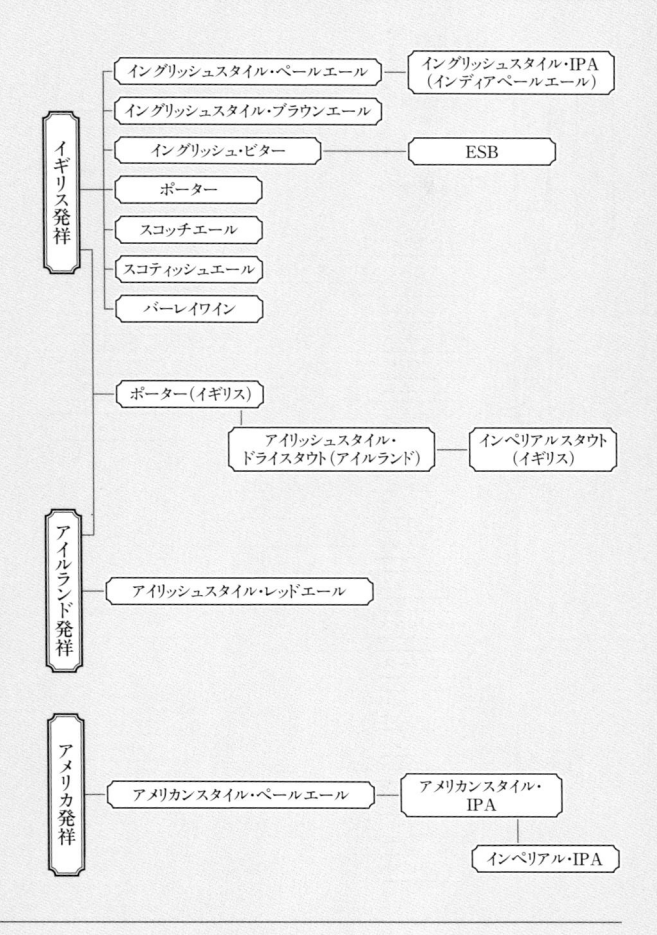

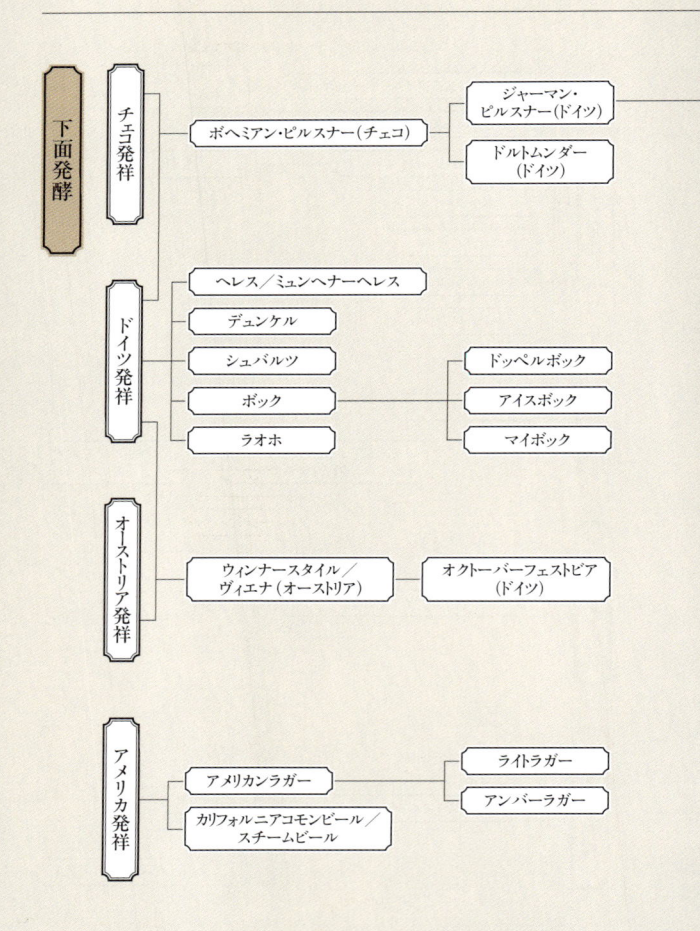

下面発酵	チェコ発祥	ボヘミアン・ピルスナー（チェコ）	ジャーマン・ピルスナー（ドイツ）
			ドルトムンダー（ドイツ）
	ドイツ発祥	ヘレス／ミュンヘナーヘレス	
		デュンケル	
		シュバルツ	
		ボック	ドッペルボック
			アイスボック
		ラオホ	マイボック
	オーストリア発祥	ウィンナースタイル／ヴィエナ（オーストリア）	オクトーバーフェストビア（ドイツ）
	アメリカ発祥	アメリカンラガー	ライトラガー
			アンバーラガー
		カリフォルニアコモンビール／スチームビール	

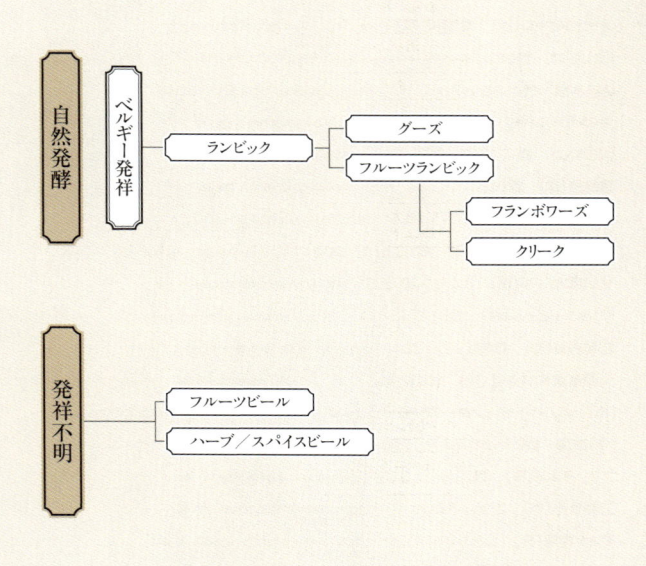

インターナショナル・ピルスナー
（ヨーロッパ全域）

自然発酵

ベルギー発祥

ランビック

グーズ

フルーツランビック

フランボワーズ

クリーク

発祥不明

フルーツビール

ハーブ／スパイスビール

【問い合わせ一覧】

(株)アイエムエーエンタープライズ　☎03-6402-7578　https://www.zato.co.jp/

アイコン・ユーロパブ(株)☎03-5369-3601　http://www.ikon-europubs.com/

アサヒビール(株)☎0120-011-121　http://www.asahibeer.co.jp/

アンハイザー・ブッシュ・インベブ・ジャパン　☎0570-093-920　http://www.ab-inbev.com/

(有)Jena(イエナ)☎03-3556-0508　http://www.jena.co.jp/

(株)池光エンタープライズ　☎03-6459-0480　http://www.ikemitsu.co.jp/

(株)ウィスク・イー　☎03-3863-1501　http://www.whisk-e.co.jp/

(株)AQベボリューション　✉info@aqbevolution.com　http://www.aqbevolution.com/

えぞ麦酒(株)☎011-614-0191　http://www.ezo-beer.com/

EVER BREW株式会社　☎03-6206-6550　http://www.everbrew.co.jp/

オリオンビール(株)☎098-877-5050　http://www.orionbeer.co.jp/

(株)キムラ　☎082-241-6703　http://www.liquorlandjp.com/

(株)木屋　✉support@kiya.com　https://www.belgianbeer.co.jp/

キリンビール(株)☎0120-111-560　http://www.kirin.co.jp/

(株)きんき　☎0745-57-1750　http://www.kinki-beer.jp/

月桂冠(株)☎0120-623-561　http://www.gekkeikan.co.jp/

小西酒造(株)☎072-775-1524　http://www.konishi.be/

(株)ザート・トレーディング　☎03-5733-2004　http://www.zato-trd.co.jp/

サッポロビール(株)☎0120-207800　http://www.sapporobeer.jp/

サントリービール(株)☎0120-139-310　http://www.suntory.co.jp/

昭和貿易(株)☎03-5822-1384　http://www.showa-boeki.co.jp/beer/

大榮産業株式会社(株)☎052-482-7241　http://www.daiei-sangyo.co.jp/

(株)ナガノトレーディング　☎045-315-5458　http://www.naganotrading.com/

(株)廣島　☎092-821-6338　http://www.worldbeer.co.jp/

ブラッセルズ(株)☎03-5457-3410　http://www.brussels.co.jp/

三井食品(株)☎03-6700-7133　http://www.mitsuifoods.co.jp/

モンテ物産(株)☎0120-348566　http://www.montebussan.co.jp/

ワールドリカーインポーターズ(株)☎03-6854-3978　https://www.zato.co.jp/

本書は、『新版 ビールの図鑑』
（2018年5月／小社刊）を再編集し、文庫化したものです。

< STAFF >

写真／ピノグリ（橋口健志、関根 統）
イラスト／根岸美帆
デザイン／NILSON design studio
執筆協力／一般社団法人日本ビアジャーナリスト協会
編集・構成／株式会社スリーシーズン
企画／成田晴香（株式会社マイナビ出版）

<監修>

一般社団法人日本ビール文化研究会

ビール文化を発展・普及させることを目的に、2012年1月に設立。日本ビール検定（び
あけん）を主宰している。ビール全般が学べる、模擬問題の入った『日本ビール検定公式
テキスト』（マイナビ出版）も好評。
◎日本ビール検定 http://www.kentei-uketsuke.com/beer/

一般社団法人日本ビアジャーナリスト協会

ビールのおいしさ・楽しさを正しく消費者に伝えるために活動し、ビールコラムや各地の
イベント情報などを毎日発信。ビアジャーナリストアカデミーを開校し、ビアジャーナリ
ストの育成にも励む。
http://www.jbja.jp/

マイナビ文庫

ビールの図鑑ミニ

2019 年 6 月 30 日　初版第 1 刷発行

監　修	一般社団法人日本ビール文化研究会、 一般社団法人日本日本ビアジャーナリスト協会
発行者	滝口直樹
発行所	株式会社マイナビ出版 〒 101-0003 東京都千代田区一ツ橋 2-6-3 一ツ橋ビル 2F TEL 0480-38-6872 （注文専用ダイヤル） TEL 03-3556-2731 （販売） ／ TEL 03-3556-2735 （編集） E-mail pc-books@mynavi.jp URL http://book.mynavi.jp
カバーデザイン	米谷テツヤ （PASS）
印刷・製本	図書印刷株式会社

M Y N A V I **B U N K O**

カクテルの図鑑ミニ

Cocktail 15 番地 斎藤 都斗武、佐藤 淳 監修

いろとりどりで美しく、複雑な味わいを楽しませてくれる
カクテル。カクテルの基本、スタイル、材料、作り方、レ
シピまで解説。
写真とともにレシピを掲載するカクテルは、定番のものを
中心に、話題になりやすいもの、一度は頼んでおきたいも
のを加えた391種。
銀座の名店に立つバーデンダーが贈る、カクテルを愛する
人のための1冊です。

定価　本体980円＋税

M Y N A V I   **B U N K O**

ワインの図鑑ミニ

君嶋哲至 監修

多くの国で造られ、地域やテロワール、造り手によってさまざまな顔を持つワイン。

知れば知るほど奥深さがわかってくるワインの世界を一歩深めて楽しんでいただくために最適の一冊です。

ワインの基礎知識はもちろん、品種や産地ごとの格付けの知識、近年注目されている品種や産地などの特徴まで、豊富な写真とともにご紹介します。

定価　本体925円＋税